CB060739

PRADA

PRADA

LAIA FARRAN GRAVES

TRADUÇÃO: ELOISE DE VYLDER

EDITORA SENAC SÃO PAULO – SÃO PAULO – 2024

ADMINISTRAÇÃO REGIONAL DO SENAC NO ESTADO DE SÃO PAULO

Presidente do Conselho Regional: Abram Szajman
Diretor do Departamento Regional: Luiz Francisco de A. Salgado
Superintendente Universitário e de Desenvolvimento: Luiz Carlos Dourado

EDITORA SENAC SÃO PAULO

Conselho Editorial: Luiz Francisco de A. Salgado
Luiz Carlos Dourado
Darcio Sayad Maia
Lucila Mara Sbrana Sciotti
Luís Américo Tousi Botelho

Gerente/Publisher: Luís Américo Tousi Botelho
Coordenação Editorial: Verônica Pirani de Oliveira
Prospecção: Dolores Crisci Manzano
Administrativo: Marina P. Alves
Comercial: Aldair Novais Pereira

Edição de Texto: Amanda Andrade
Preparação de Texto: Denise Camargo
Coordenação de Revisão de Texto: Marcelo Nardeli
Revisão de Texto: Bruna Baldez
Coordenação de Arte: Antonio Carlos De Angelis
Editoração Eletrônica: Tiago Filu
Coordenação de E-books: Rodolfo Santana
Impressão e Acabamento: Maistype

Título original: Little book of Prada
Text © Laia Farran Graves 2012, 2017 2020
Design © Welbeck Non-fiction Limited 2012, 2017, 2020

Dados Internacionais de Catalogação na Publicação (CIP)
(Simone M. P. Vieira - CRB 8ª/4771)

Graves, Laia Farran
    Prada / Laia Farran Graves; tradução de Eloise De
Vylder. – São Paulo : Editora Senac São Paulo, 2024.

    Bibliografia.
    ISBN 978-85-396-4643-2 (Impresso/2024)
    e-ISBN 978-85-396-4649-4 (ePub/2024)
    e-ISBN 978-85-396-4648-7 (PDF/2024)

    1. Moda 2. Vestimenta 3. Alta-costura 4. Prada
I. Título. II. Série.

24-2119r   CDD – 391
                                                 391.6
                                        BISAC CRA009000
                                              DES005000

Índice para catálogo sistemático:
1. Moda 391
2. Estilo de vestir : Moda : Costumes 391.6

Todos os direitos reservados à:
Editora Senac São Paulo
Av. Engenheiro Eusébio Stevaux, 823 – Prédio Editora
Jurubatuba – CEP 04696-000 – São Paulo – SP
Tel. (11) 2187-4450
editora@sp.senac.br
https://www.editorasenacsp.com.br

Edição brasileira: © Editora Senac São Paulo, 2024

Este é um livro de não ficção e de referência. Todos os nomes, empresas, marcas registradas, marcas de serviço, nomes comerciais e locais são citados apenas para fins de identificação, revisão editorial e orientação. Esta obra não foi patrocinada, apoiada ou endossada por qualquer pessoa ou entidade.

Sumário

Nota do editor	7
Introdução	9
Herança	11
Os primeiros anos	19
A estética Prada	29
Miu Miu: a irmã caçula da Prada	51
Moda masculina	81
Coleções do novo milênio	97
Uma nova década	119
Beleza e fragrância	135
Arte & design	141
Referências	156
Índice	158
Agradecimentos	160

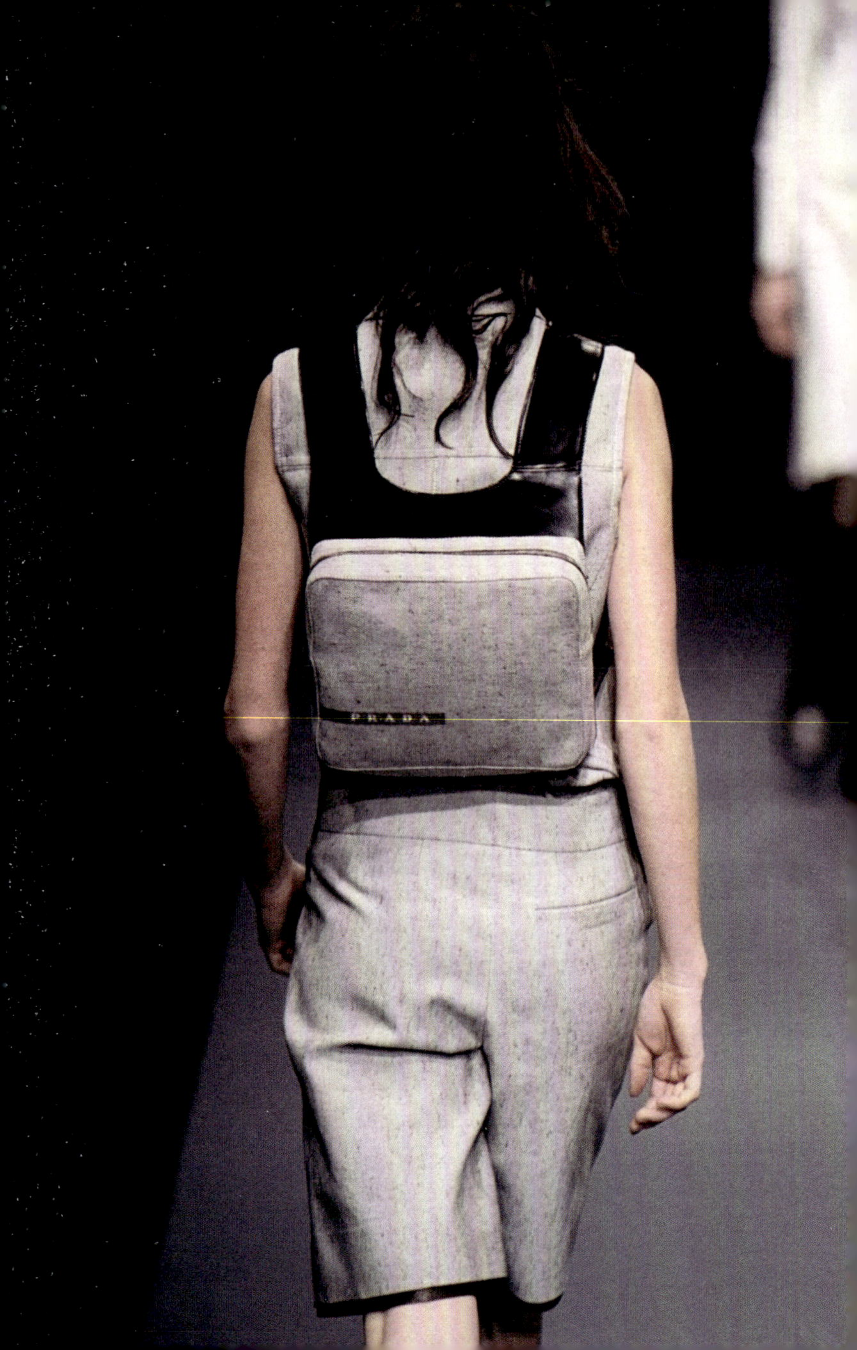
PRADA

Nota do editor

Esta publicação traz a história de como a Prada nasceu, se reinventou e se tornou uma das mais influentes marcas de alta-costura do mundo. Descobriremos o início da grife, quando ainda se chamava Fratelli Prada e era uma loja de artigos de couro em Milão, e veremos o momento em que a marca se transforma num império global, sob o comando de Miuccia Prada.

No decorrer da leitura, acompanharemos a evolução do estilo da marca e os elementos-chave que dão o tom das coleções e as tornam tão icônicas, como o uso das texturas, de novos materiais e a combinação ímpar de estampas, cores e tecidos. Além disso, o livro vai tratar das marcas ligadas à Prada: a Miu Miu, a "irmã mais nova" da grife, a Prada Homem e as linhas de perfume e beleza.

Poderemos observar, ainda, o engajamento da marca no mundo da arte, com a criação da Fondazione Prada e com as lojas Prada Epicenter, que trazem a arte para a experiência de comprar.

O Senac São Paulo visa, com esta obra, tornar cada vez mais acessível o conhecimento, possibilitando a um número maior de leitores o acesso à história e trajetória da Prada, uma marca que traz criatividade e inovação em seu DNA, o que a faz tão representativa no mundo da moda.

Estilista e jornalista especializada em moda e beleza, **Laia Farran Graves** trabalhou para publicações como *Vogue*, *InStyle*, *Glamour*, *Marie Claire* e para a revista *The Sunday Times Style*. Laia vive em Londres.

Dedicatória
Para Lucia

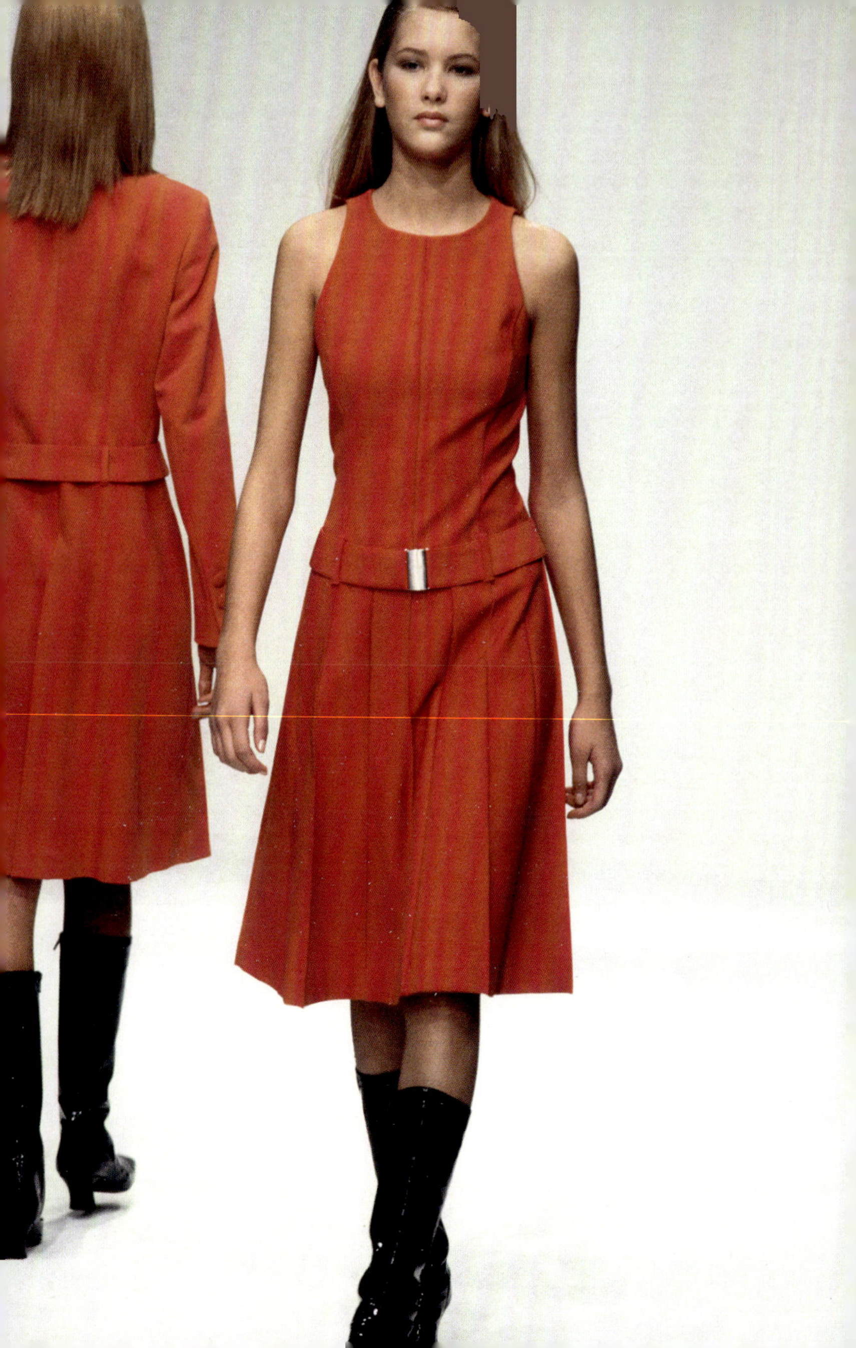

Introdução

As páginas seguintes contarão a extraordinária história da Prada – uma marca de Milão que começou como uma empresa de itens de luxo feitos em couro e se transformou em um império multinacional depois que a neta de seu fundador, Miuccia Prada, assumiu o negócio, em 1978. Este livro explora a filosofia visionária da Prada, a ascensão meteórica da companhia e o apelo global da marca.

Os primeiros capítulos consideram o desenvolvimento estético da Prada, desde as primeiras coleções de acessórios que culminaram na bolsa tote de nylon de 1985, que mudou a cara dos acessórios de luxo, até as coleções prêt-à-porter mais surpreendentes dos últimos tempos. Analisamos de perto elementos-chave, destacando a forma experimental e inovadora com a qual texturas, tecidos e cores são usados para desafiar nossos conceitos preestabelecidos de beleza.

Ao documentar a importância da Prada no minimalismo em seus primeiros anos, este livro revisita a evolução da companhia e analisa o papel crucial que ela teve no posterior retorno à feminilidade, fortemente influenciado pelas silhuetas dos anos 1940, 1950 e 1960. Ao mesmo tempo, explora a filosofia da marca – uma constante fusão de valores e técnicas tradicionais com ideias modernas inovadoras.

Há um capítulo que discute a Miu Miu, a linha de difusão da Prada, acompanhando sua jornada desde a criação em Milão, em 1993, até sua ousada estreia na Semana de Moda de Paris (2006), em uma tentativa de se redefinir. Coleções mais recentes também são abordadas, ajudando a delinear a essência peculiar da marca. A Prada Homem aparece em um capítulo que explora o sucesso da linha de moda masculina e seu estilo ímpar. Outras áreas de envolvimento da marca, tais como o setor de beleza, também são abordadas. A parte final do livro destaca o impressionante engajamento da Prada nas artes por meio da instituição sem fins lucrativos Fondazione Prada, além de revelar seus ambiciosos planos para o futuro e dar especial atenção à contribuição única que a marca teve e continua tendo para o mundo da arte.

Página oposta: Cores fortes, formas simples e elegantes e texturas contrastantes caracterizam o DNA da marca Prada.

PRADA

Herança

A capital da moda da Itália é o cenário de uma das maiores histórias de sucesso do século XX. O endereço desse grandioso estabelecimento é Via Bergamo, 21, Milão – a sede da Prada.

A história da marca começou em 1913, quando Mario Prada e seu irmão Martino abriram uma loja de artigos de couro na luxuosa Galleria Vittorio Emanuele II, em Milão. Essa famosa galeria comercial do século XIX, com seus mosaicos e telhado de vidro, liga a Piazza del Duomo à Piazza della Scala. A loja, conhecida como Fratelli Prada (Irmãos Prada), especializava-se em produtos de couro de alta qualidade e itens de luxo, e desde o início ficou conhecida por sua excelência. Hoje, a Prada evoluiu de suas origens de empresa familiar e se tornou uma marca global de moda, liderada pela neta de Mario, Miuccia. A Prada atualmente está presente em mais de 70 países, com mais de 600 lojas em todo o mundo. Além da moda, mas sempre alinhada à sua filosofia criativa, a marca se expandiu para novas áreas, como as artes, por meio da organização sem fins lucrativos Fondazione Prada, e a equipe de vela Luna Rossa, participante da Copa América.

Em 1913, usando apenas os mais finos materiais e talento artesanal, a empresa de Mario Prada entregava luxo, estilo e originalidade, atributos que viriam a se tornar sinônimos do nome da família. A Fratelli Prada criou a clássica maleta de couro de morsa e importou baús de viagem da Inglaterra. A loja vendia malas, bolsas, necessaires e uma variedade de acessórios únicos, incluindo bengalas e guarda-chuvas. Em 1919, depois de apenas alguns anos no ramo, a Fratelli Prada foi designada como fornecedora oficial da família real italiana. Isso a autorizou a usar o brasão da Casa de Saboia e o desenho da corda com nós em seu logotipo, que é utilizado até hoje pela marca.

Página oposta: A primeira loja Prada foi inaugurada em 1913 na Galleria Vittorio Emanuele II, em Milão. Mario e Martino Prada a batizaram de Fratelli Prada (Irmãos Prada). Desde o início, ela refletia a elegância, o luxo e o prestígio pelos quais a marca é notória até hoje.

RIVIERA
DELLA VERSILIA
VIAREGGIO
LIDO DI CAMAIORE
TURISMO · VIAGGI · PROPAGANDA
F. Bellini
ISANDA
don House
TURISANDA
PRADA
PRADA

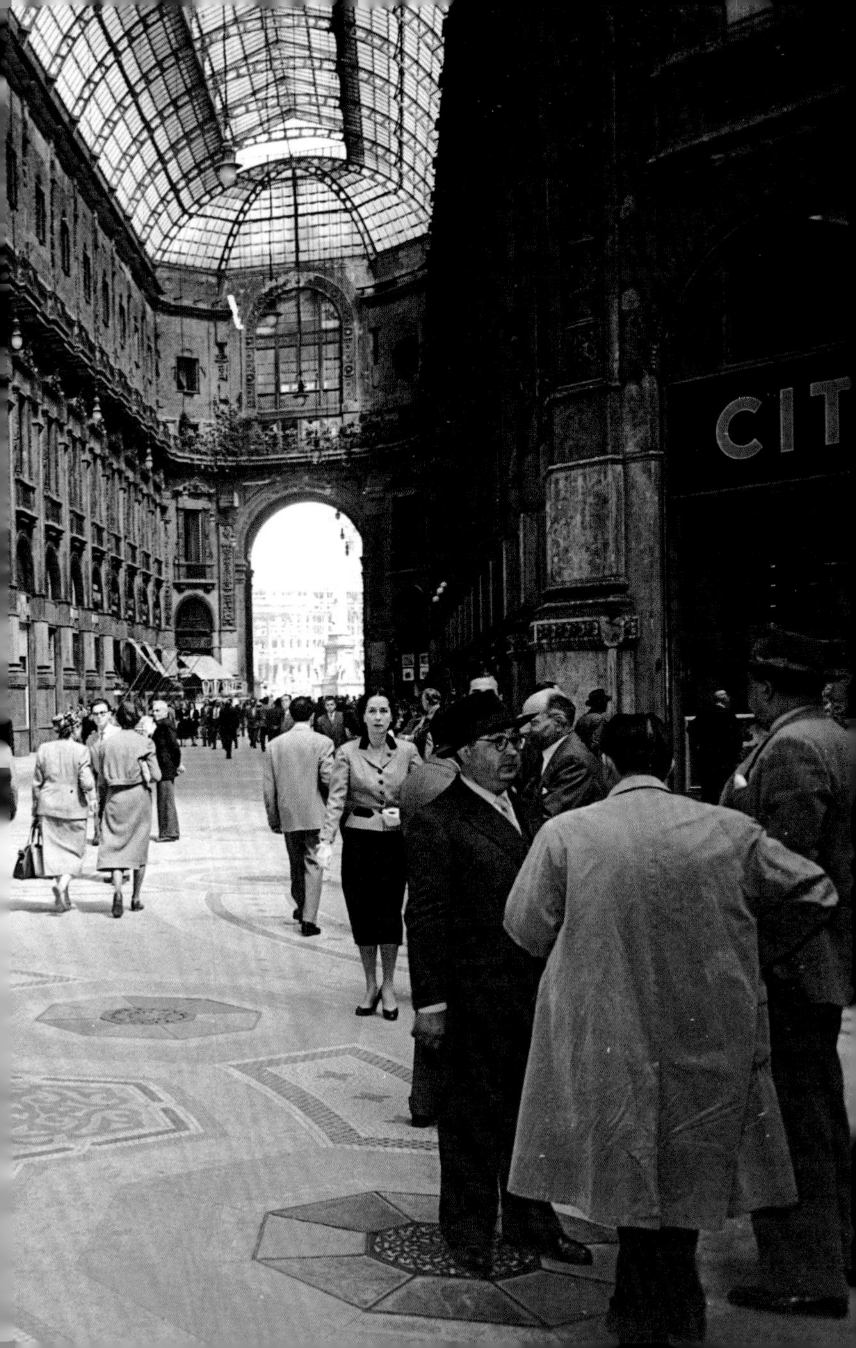
CIT

Miuccia Prada não estudou design, modelagem ou moda, tampouco frequentou uma escola de arte. Em vez disso, depois de seu doutorado em ciência política pela Universidade de Milão, estudou mímica no Piccolo Teatro di Milano, preparando-se para uma carreira de atriz, que foi obrigada a abandonar, relutante, para trabalhar na empresa da família.

Página anterior: A suntuosa Galleria Vittorio Emanuele II, que abriga a primeira loja da Prada. A arcada dupla conecta a Piazza del Duomo com a Piazza della Scala. Ela tem um teto abobadado de vidro e ferro – característico das arcadas do século XIX – e um piso espetacular de mármore e mosaico. Um domo majestoso de vidro cobre o espaço central.

Acima: Patrizio Bertelli tinha sua própria empresa de artigos de couro quando conheceu Miuccia Prada no final dos anos 1970. Eles se casaram em 1987, no Dia de São Valentim, e uniram forças transformando a empresa familiar em uma marca global.

Página oposta: Uma segunda loja da Prada foi inaugurada em 1983 na Via della Spiga. Era tão luxuosa quanto a primeira, mas com uma estética mais moderna.

Apesar de declarar ter vivido uma infância sem graça – era obrigada a usar vestidos simples e listrados enquanto sonhava com vestidos cor-de-rosa –, mais tarde passou a usar roupas fabulosas de estilistas como Yves Saint Laurent e Pierre Cardin, criando um visual bastante único. Seu espírito e senso de estilo inequívoco se mostraram essenciais para a reinvenção da Fratelli Prada, transformando o pequeno negócio familiar em uma das principais e mais influentes casas de alta-costura do mundo atual.

Pouco depois de assumir a empresa familiar, Miuccia conheceu Patrizio Bertelli. Ele tinha seu próprio negócio de artigos de couro e tornou-se seu sócio – concentrando-se no lado empresarial das coisas – e também marido. Ele esteve firme a seu lado enquanto ela se dedicava a desenvolver a identidade e a direção da marca. Foi Bertelli que a aconselhou a parar com as importações da Inglaterra e mudar o estilo de bolsas até então existente – em 1979, a marca lançou sua primeira linha de bolsas e mochilas de nylon. Miuccia escolheu usar o Pocone – um tecido de nylon que era usado pela empresa para forrar os baús – porque ele representava sua paixão por tudo o que era industrial. A escolha do tecido foi desafiadora em termos técnicos porque ninguém à época o utilizava, o que o tornava mais caro para trabalhar do que o couro. Mas a Prada queria experimentar algo novo e excitante, além de funcional e bonito – e o fato de ser quase impossível fazer bolsas com o material tornava o desafio ainda mais estimulante. A perseverança valeu a pena, e, embora as bolsas de Pocone não tenham sido um sucesso imediato, vieram a se tornar um dos primeiros triunfos comerciais da marca.

Nos anos seguintes, Miuccia aprendeu tudo o que havia para se saber sobre negócios, e não demorou para que ela e Bertelli começassem a expandir a empresa. Em 1983, abriram uma segunda loja em Milão, na Via della Spiga, que manteve a atenção aos detalhes característica da loja original, mas com uma estética moderna.

Em 1985, Miuccia criou um dos itens de moda mais icônicos até hoje: a bolsa tote de nylon. Ainda experimentando com o Pocone em vez do couro, o tecido deu à bolsa um ar inovador e tornou-a tão desejada que cópias falsificadas começaram a ser feitas no mundo todo. Isso criou um burburinho ainda maior que fortaleceu a marca: Miuccia tinha elevado o status desse tecido de nylon de algo industrial para algo luxuoso. A bolsa preta, de preço elevado e logo triangular de metal, discreto, porém inconfundível, tornou-se um item essencial para editores de moda do mundo todo e fincou a bandeira da Prada no mapa da moda.

A marca também lançou uma linha de calçados na época, seguida, quatro anos mais tarde, pelo lançamento das primeiras coleções prêt-à-porter de Miuccia. Inicialmente, suas linhas clean e minimalistas não tiveram uma recepção unânime, porque contrariavam as formas grandes e o ethos poderoso da moda dos anos 1980, mas uma mudança estética estava acontecendo, e, algumas estações mais tarde, o visual singular de Miuccia tinha se tornando sinônimo do chique. E foi assim que surgiu a Prada que conhecemos hoje.

Acima: A Prada continuou se expandindo e, em 1979, acrescentou uma linha de calçados à coleção de acessórios. A qualidade artesanal continuou presente em cada um de seus artigos.

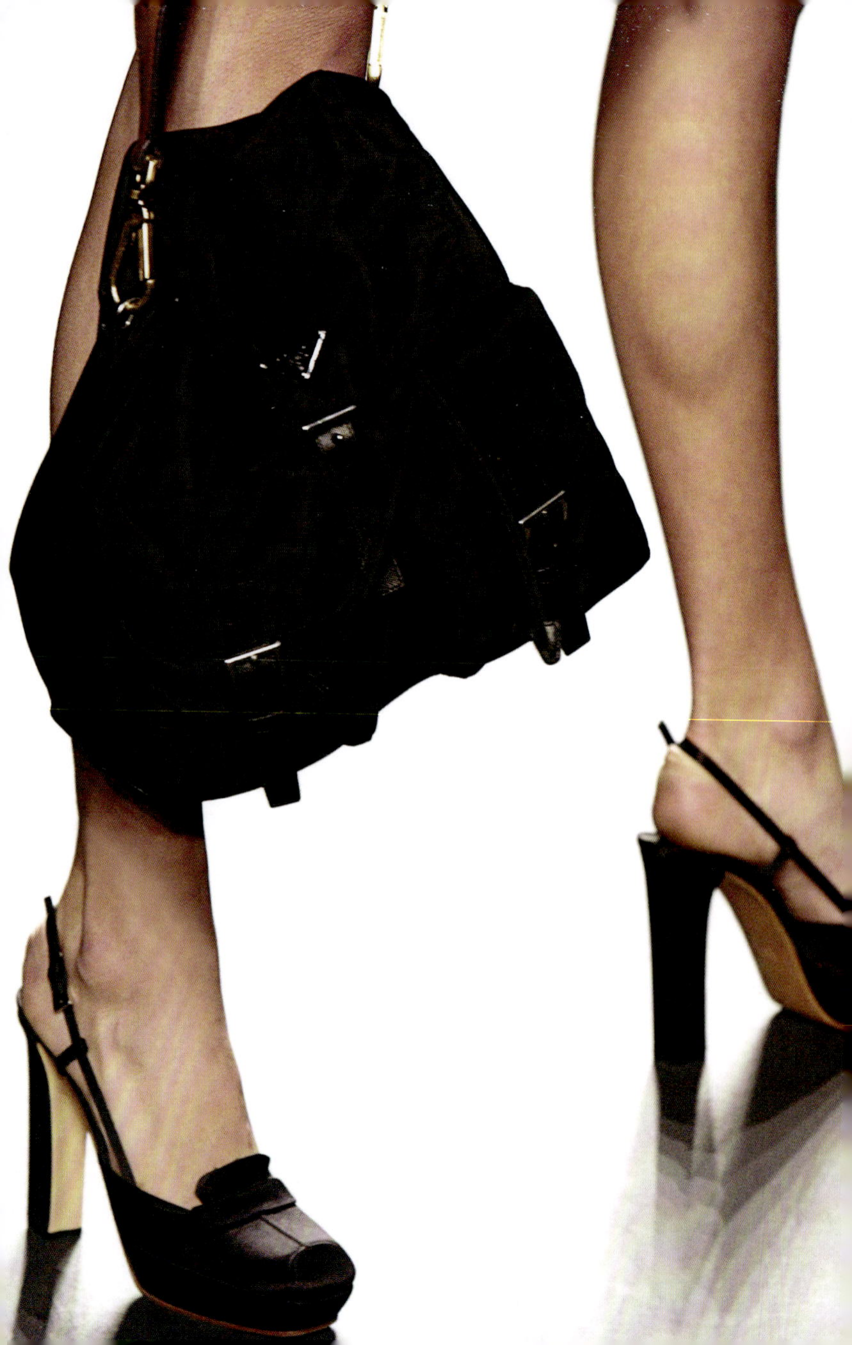

Os primeiros anos

Nos anos 1980, várias empresas bem estabelecidas de artigos de viagem artesanais de luxo – Hermès, Louis Vuitton, Gucci e Prada – começaram a diversificar e abrir novos caminhos com foco em acessórios, o que criou uma plataforma para coleções de moda posteriores. Mas a Prada tomou a iniciativa corajosa de também transformar sua imagem, acrescentando uma dimensão utilitária única à marca já bem estabelecida. Isso não só revolucionou o conceito de bolsas como também, mais importante que isso, abriu caminho para uma nova estética de tecidos e texturas contrastantes e linhas clean, que se tornou parte da assinatura da marca e a identidade de seu design.

Nesse ponto, os consumidores começavam a usar acessórios como símbolos de status, e havia uma demanda especial por bolsas. O timing da Prada ao lançar a bolsa tote de nylon foi perfeito, e o uso inovador do Pocone, um tecido industrial rústico, em um contexto de luxo foi uma ideia inteligente. Isso influenciou o mercado de luxo, coroando a Prada como a marca essencial do seu tempo, que não podia faltar no guarda-roupas.

Até o fim dos anos 1980, o foco de Miuccia permaneceu na criação dos acessórios seletos pelos quais a companhia de seu avô sempre fora conhecida. Embora uma nova identidade tenha nascido, o processo de produção permaneceu inalterado. As bolsas, por exemplo, eram esboçadas e desenhadas, depois traçadas para criar um estêncil que era colocado sobre o tecido ou couro. Essas partes eram então cortadas com precisão e costuradas por artesãos bastante experientes. Montada com primor, cada bolsa levava o emblema original da Prada, o mesmo que adornava as malas da antiga aristocracia italiana.

Página oposta: As mochilas inovadoras de nylon Pocone da Prada fundiam de forma inteligente o luxo e a atenção ao detalhe com uma abordagem industrial inovadora no ramo dos acessórios. O discreto logo da Prada não chamava muito a atenção, em uma atitude que refletia a estética da época.

Expansão nos acessórios

Ao mesmo tempo, a Prada passou a imprimir sua marca em uma nova empreitada: os calçados. Os métodos de manufatura podiam ser tradicionais, mas as formas e os materiais utilizados eram verdadeiramente inovadores, alimentando a imaginação do público com sua abordagem criativa e inspiradora. Solas de borracha moldada eram combinadas com couro e outros materiais que antes eram reservados para os esportes e calçados de alto desempenho, e que nunca tinham sido vistos no contexto de luxo. Entre eles havia tecidos técnicos, como mesh e couros perfurados, que criavam uma textura parecida com Aertex ou piquet.

Nesta página: O uso do nylon para fazer mochilas era algo novo, uma atitude ousada que revolucionou os acessórios nos anos 1980. Apesar de empregar um material industrial, a qualidade e o processo de manufatura das bolsas eram inigualáveis. As mochilas Prada ainda estão disponíveis hoje em dia em uma variedade de cores.

Nesta página e na seguinte: A bolsa tote de nylon Pocone preta foi lançada em 1985, causando burburinho e firmando a posição da Prada no mundo da moda. As bolsas Prada, em todas as suas variações, tornaram-se desde então objeto de desejo no mundo todo graças à qualidade e à simplicidade de seu design.

Os primeiros anos

Essa excentricidade e a abordagem experimental no design, que fundia técnicas modernas e tradicionais, resultaram em uma nova perspectiva. A grife oferecia a seus clientes um equilíbrio delicado entre o clássico e o moderno, que atraía criativos e fashionistas, bem como intelectuais.

Em 1993, a Prada recebeu o prestigioso prêmio do Conselho de Designers de Moda dos Estados Unidos na categoria de acessórios. No mesmo ano, Miuccia também criou a Fundação Prada (Fondazione Prada), cujo objetivo era patrocinar e exibir o trabalho de artistas contemporâneos. A inclinação da Prada para a arte também influenciaria suas coleções de moda, que frequentemente traziam ilustrações e imagens de Pop e Op Art. Agora, toda a atenção estava voltada para a Prada, cujas principais coleções de moda ganhavam força. Novas linhas foram criadas: a Miu Miu, em 1993; roupas prêt-à-porter, calçados e acessórios para homens (também em 1993); a Prada Sport (com sua lendária linha vermelha), em 1997; e a coleção de óculos da Prada, em 2000.

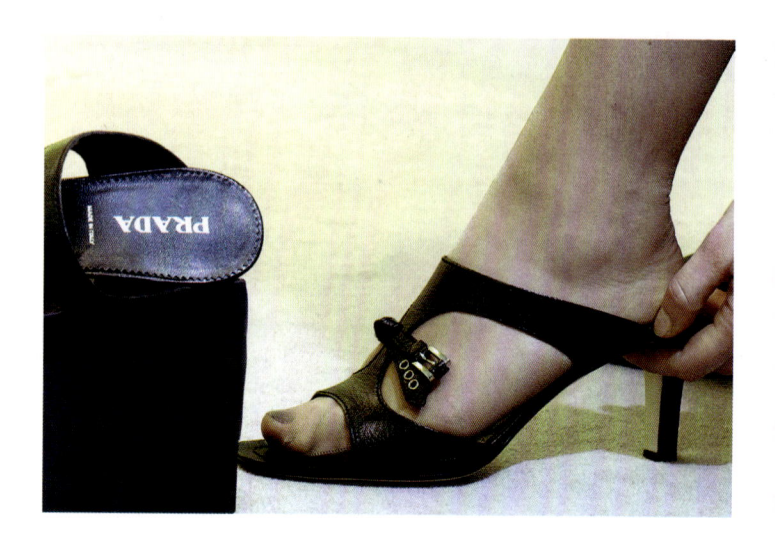

Acima: A linha de calçados lançada nos anos 1980 refletia a filosofia da Prada, acrescentando uma dimensão moderna a designs clássicos. Alguns dos materiais usados eram modernos, mas o processo de manufatura continuava tradicional.

Página oposta: A coleção de óculos da Prada foi lançada nos anos 2000, e os óculos de sol tiveram um papel importante em complementar as coleções da marca desde então. Estes óculos laranja, exibidos na coleção outono/inverno 2011, completam a produção, dando um ar futurista pós-esqui ao look.

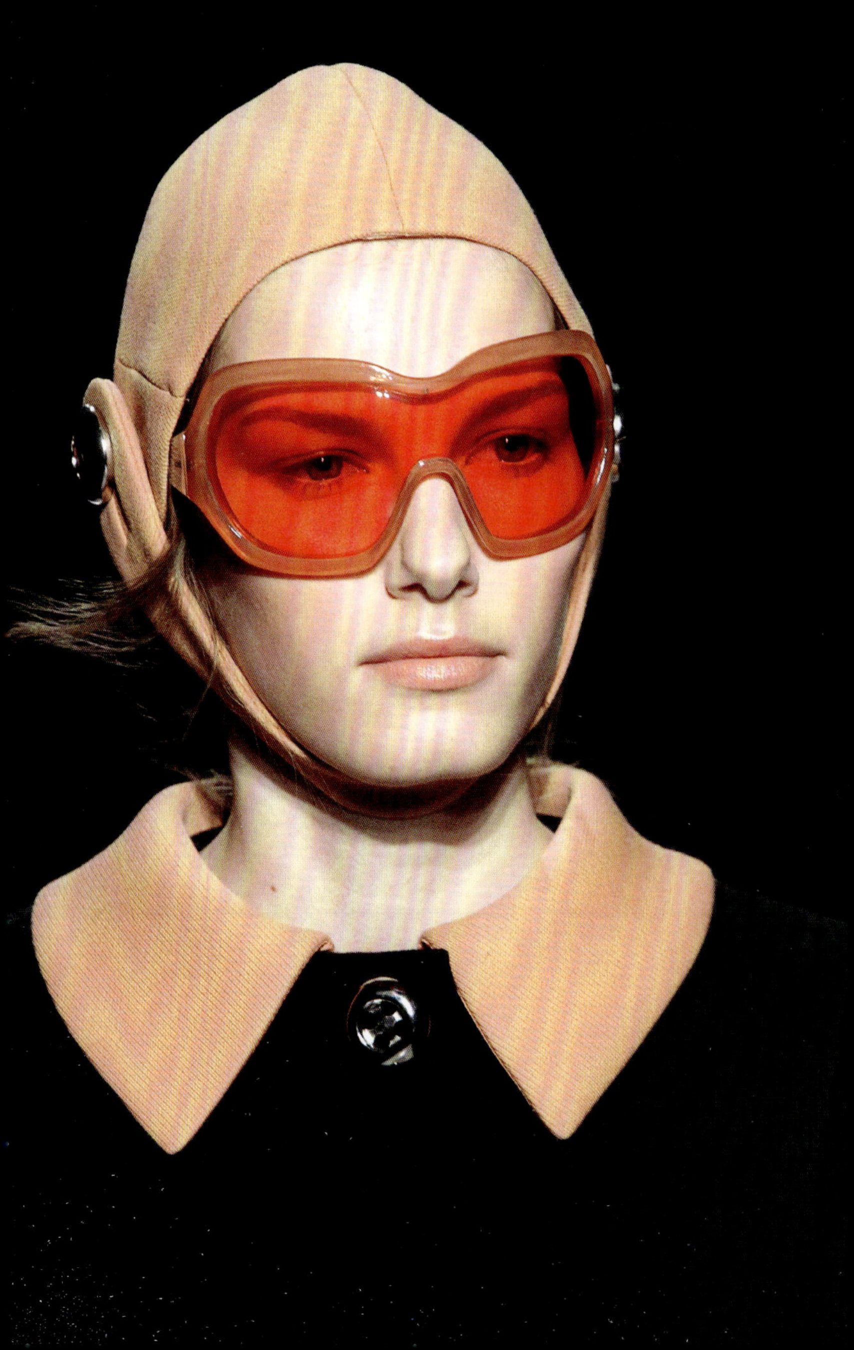

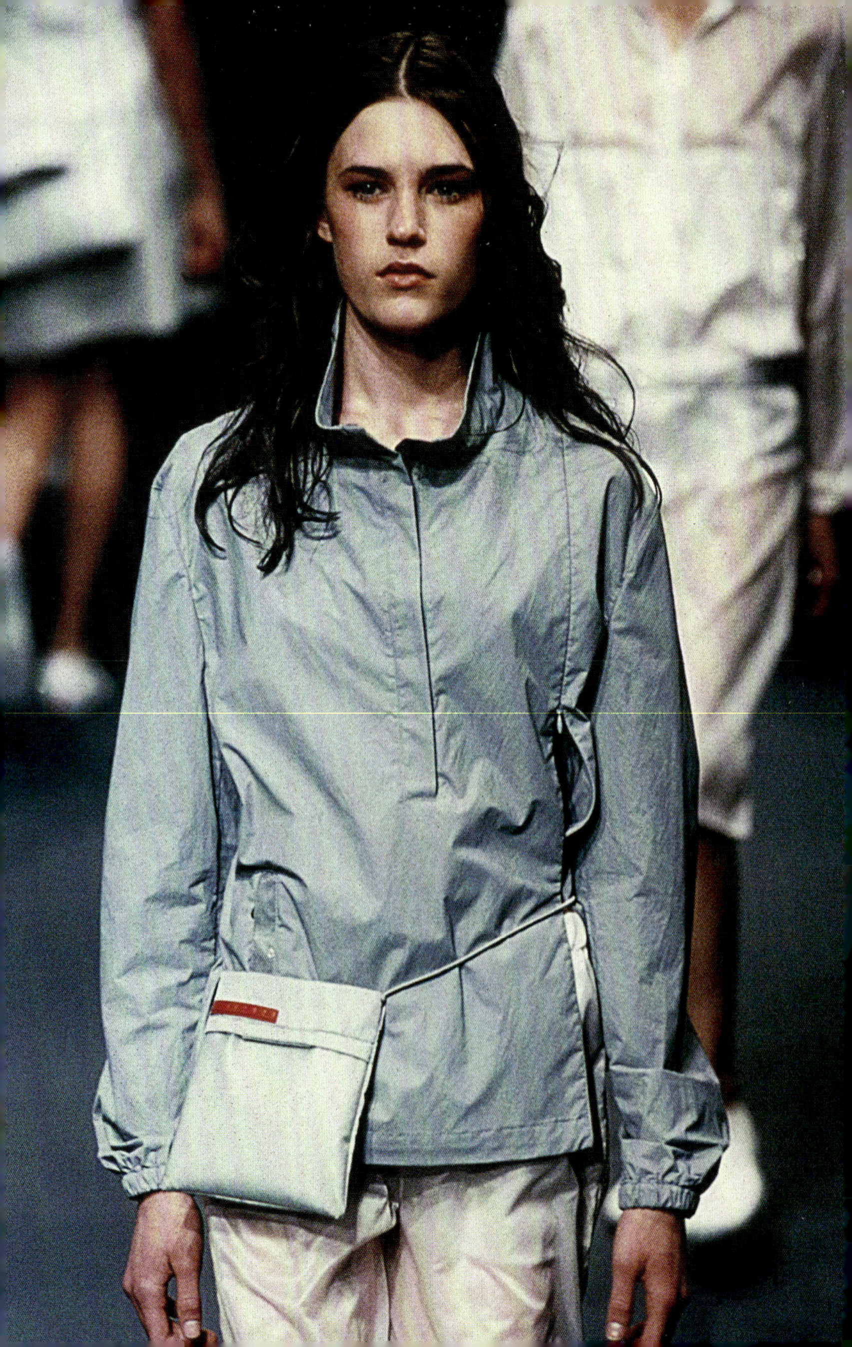

Página oposta e acima: A Prada Sport, com produtos dedicados ao lazer, foi lançada em 1997. Caracterizada por sua inconfundível linha vermelha e formas simples e minimalistas, alçou a moda esportiva e casual à arena do luxo, tanto nas roupas quanto nos acessórios.

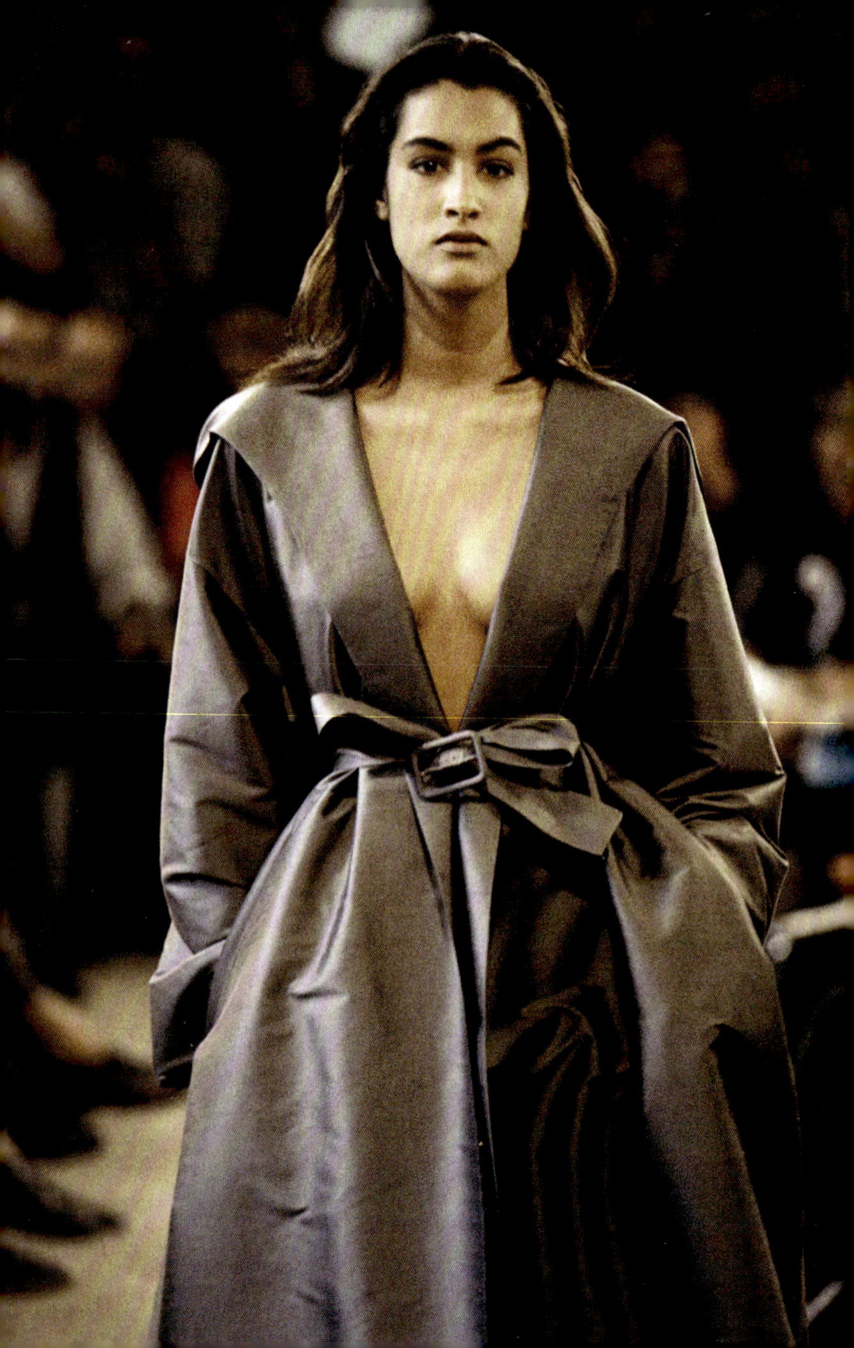

A estética Prada

Quando a Prada foi fundada, o foco era oferecer tradição e luxo à alta sociedade milanesa, em um cenário opulento. No final dos anos 1970, quando Miuccia assumiu a direção criativa e uniu forças com seu marido e sócio Patrizio Bertelli, algumas mudanças eram inevitáveis para a sobrevivência da marca. Então, eles apostaram alto e elevaram o status da marca criando uma nova identidade, que acompanhou a Prada em cada estágio de seu desenvolvimento. A nova filosofia conectou o antigo amor pelos valores tradicionais a um ambiente adequado à abordagem moderna da marca. O luxo e a perfeição, aliados à nova visão vanguardista do futuro, encontraram expressão no minimalismo da Prada e se transformaram no DNA da marca.

"O mais difícil ao querer dar estrutura [à roupa] é fazer isso de forma que ela possibilite o movimento e seja confortável, não rígida."

Miuccia Prada

Essa filosofia se reflete em todos os aspectos do negócio: desde a forma como um item é desenhado, começando por um esboço à mão livre, até a decisão deliberada da companhia em ter funcionários de todas as idades trabalhando juntos. Ela também está presente na união entre técnicas tradicionais e artesanais, como serigrafia e tie-dye, com a tecnologia de ponta. Por vezes, essa união pode ser tão inovadora que é mantida como segredo da empresa. Ao adotar essa abordagem, a Prada criou uma imagem moderna de luxo, que rompeu paradigmas e se tornou sinônimo de moda não convencional.

Página oposta: Desde o início, o foco da Prada esteve na simplicidade e nas linhas simples para criar roupas bonitas e confortáveis. Este casaco volumoso, com cinto, em tecido tecnológico de nylon, da coleção outono/inverno 1990, ficou famoso vestindo a modelo Helena Christensen em uma dramática propaganda em preto e branco da Prada.

As coleções minimalistas

Pode-se argumentar que a força da Prada está em sua abordagem discreta e sutil da moda. As roupas são sensuais e confiantes, mas de uma maneira sofisticada e quase recatada. A moda se reinventa constantemente, assim como a arte, reagindo a tendências anteriores e absorvendo as influências socioeconômicas. Não surpreende, portanto, que depois dos anos 1980, uma década de excesso, repleta de ombreiras, cores neon, marcas e logotipos espalhafatosos, os designs de Miuccia expressassem um desejo de simplicidade, que foi compartilhado por estilistas como Helmut Lang e Jil Sander. Esse novo minimalismo se tornou a marca registrada da Prada e foi recebido de braços abertos.

Para o olho destreinado, a abordagem purista podia parecer básica demais para funcionar, mas, em uma inspeção mais atenta, nota-se sempre um leve toque experimental. Isso pode ter passado despercebido

À esquerda: O volume deste casaco da coleção primavera/verão 1992 é reduzido por um cinto fino. O comprimento curto e oscilante ajuda a criar uma forma definida e estruturada, como alternativa à fluidez da ampulheta.

Página oposta: Uma influência militar fica aparente neste conjunto preto de linhas retas e gola alta da coleção outono/inverno 1993, decorado apenas com os botões e a fivela do cinto polidos. Com uma paleta de cores restrita e uma ênfase maior nos tecidos do que em estampas ou ornamentos, a Prada liderou o movimento minimalista. A empresa também lançou a linha Miu Miu, em 1993, como a marca irmã visionária da principal potência da moda.

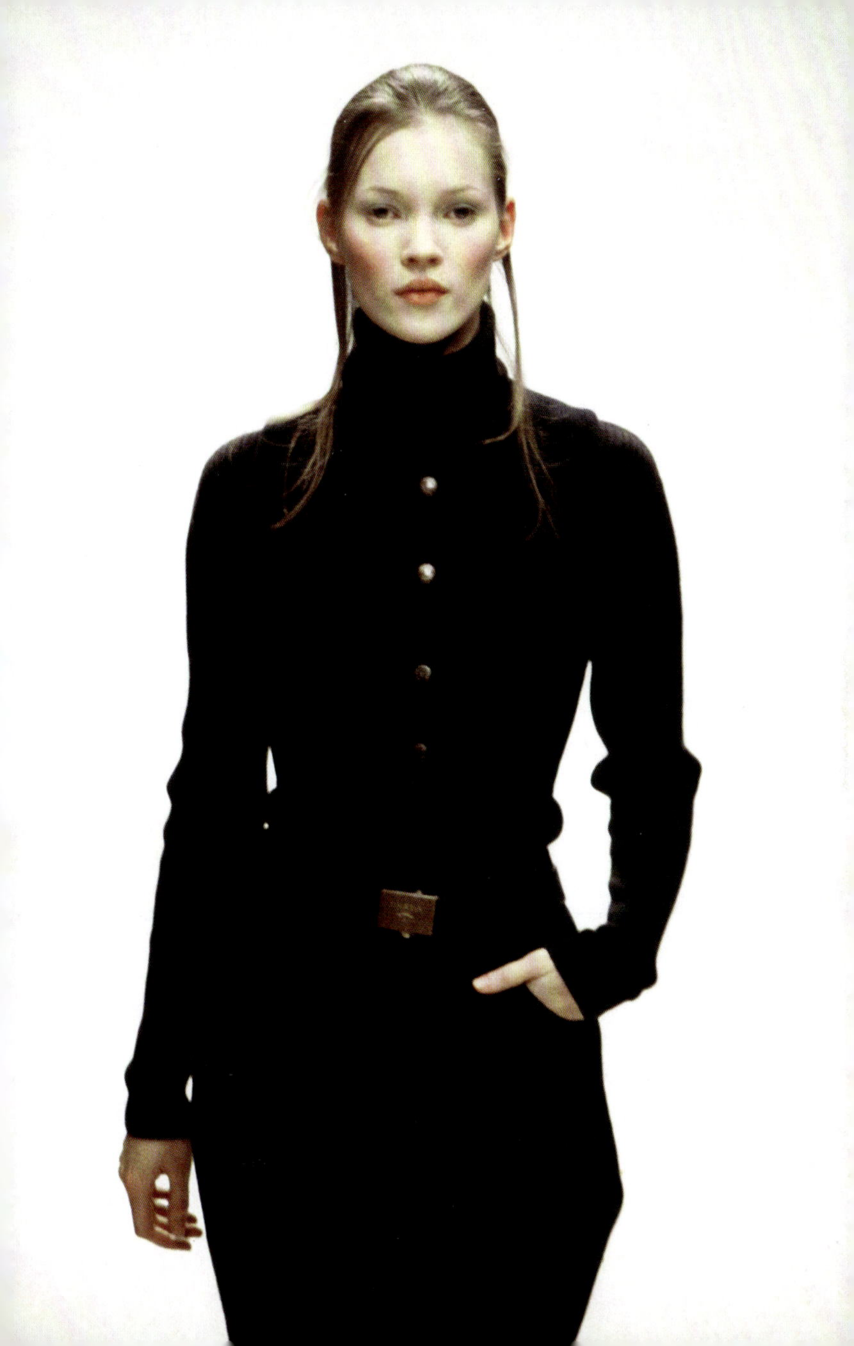

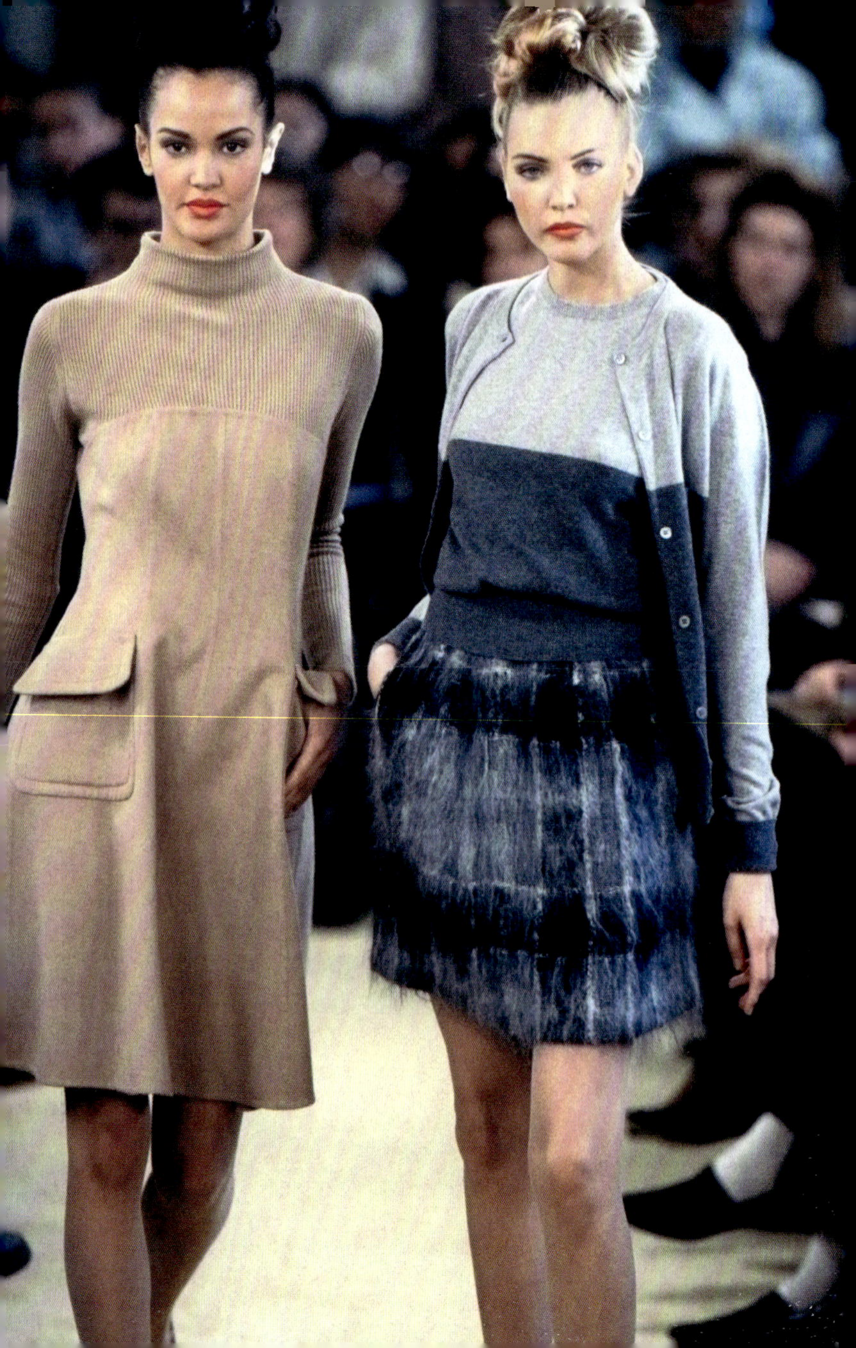

para um grande número de observadores, mas, para os conhecedores que apreciam e entendem tais sutilezas, essa característica trouxe força e valor à marca.

As linhas fluidas e as formas contemporâneas da Prada forneceram a Miuccia uma base que a permitiu trabalhar conceitualmente, com espaço para experimentar com texturas, tecidos, estampas e cores. Sua abordagem de design é um processo em que ela se cerca de especialistas que podem interpretar suas ideias visionárias e trazê-las à vida.

Página oposta: A coleção primavera/verão 1997 foi feminina com influências dos anos 1950. O cardigã, apresentado aqui em dois tons de azul e usado como parte de um twinset, viria a se tornar uma peça essencial da Prada e que é tanto prática quanto elegante. O vestido camel tem forma simples, com uma saia evasê que traz fluidez à roupa durante o movimento.

À esquerda: A sobreposição de peças clássicas com nuances de textura cria um look moderno, atemporal e elegante. Em uma gama suave de cinza, preto e branco, esta coleção captura o clima do início dos anos 1990 com sua beleza descontraída, simples e despretensiosa.

A estética Prada

Acima: O chapéu branco de verão parece uma touca de natação ornamentada do início dos anos 1960. Decorado com flores, é o acessório perfeito para o desfile da coleção primavera/verão 1992, trazendo glamour, diversão e um toque de ironia em um simples acessório.

Página oposta: Padrões fortes e linhas simples são características das criações da Prada. Este vestido, de 1992, tem uma abertura provocante na frente, revelando shorts no mesmo padrão. As listras vermelhas e brancas de verão alongam e dão estrutura à roupa.

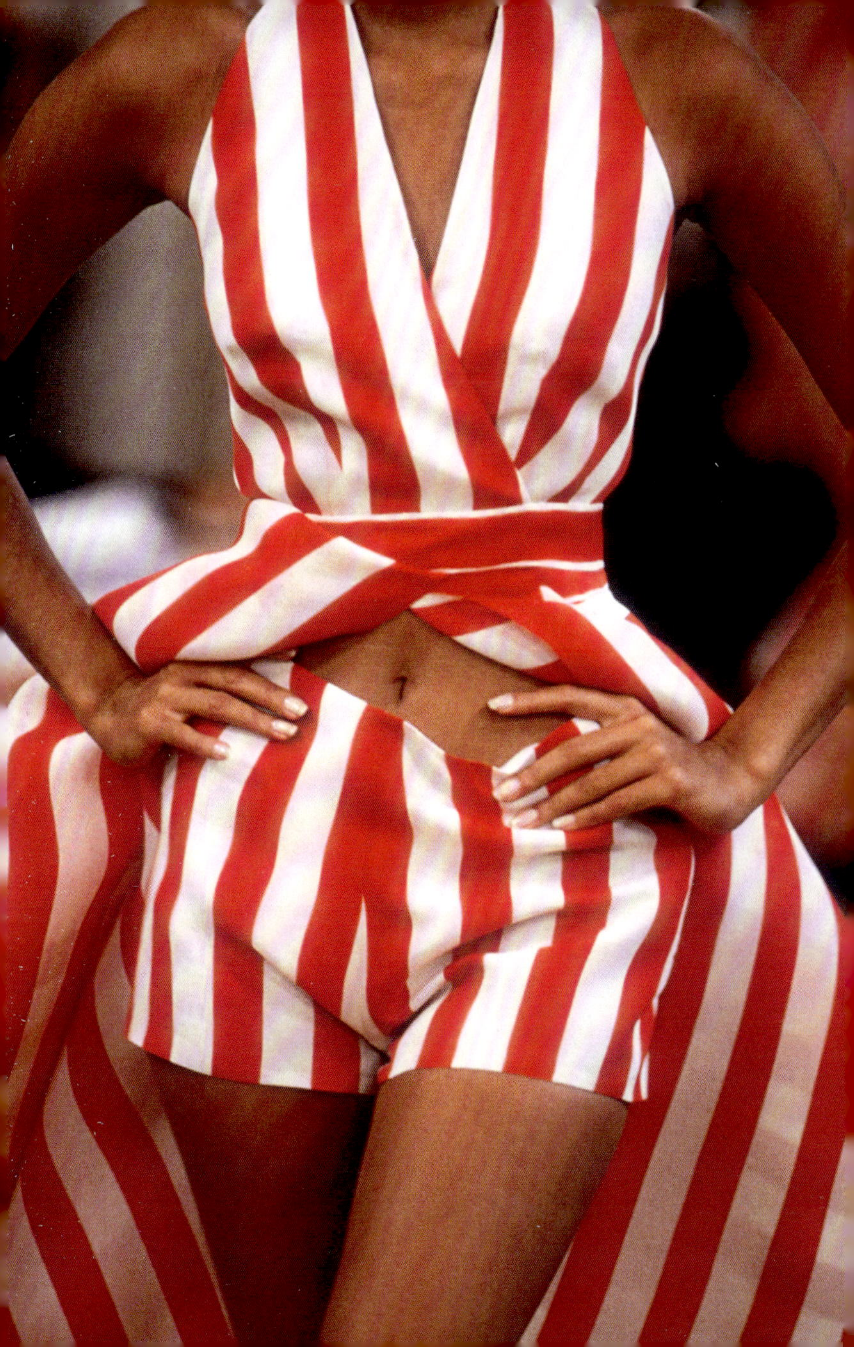

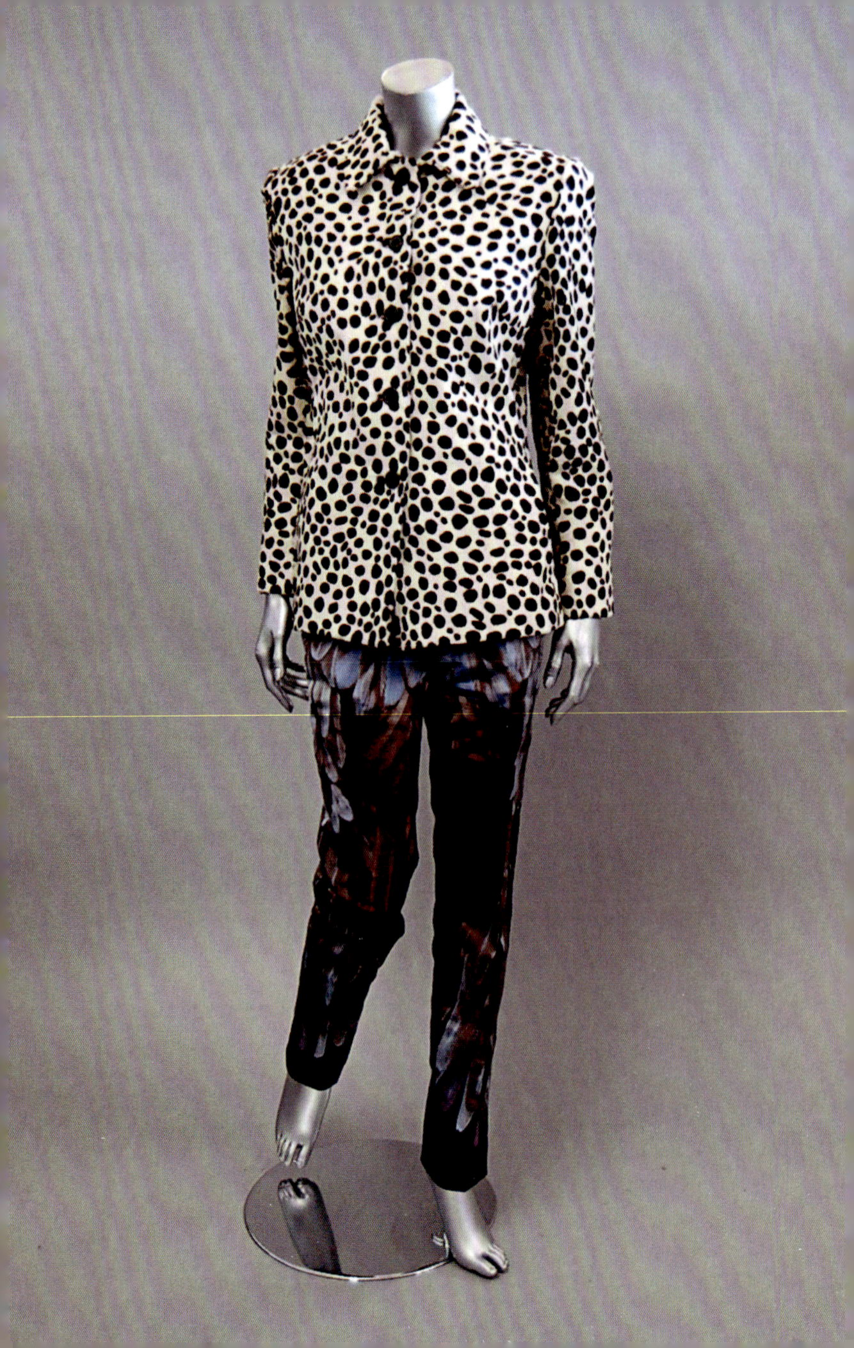

Página oposta e acima: Esta produção combina um casaco de couro pintado com calça de seda azul estampada com asas. Padrões contrastantes e combinações de cores originais fazem parte da assinatura da Prada, criando roupas que são inovadoras e únicas. O uso de cores da Prada costuma ser pouco ortodoxo e adotar combinações incomuns, mas os resultados são excelentes, como no uso de ocre, azul-claro e marrom na estampa desta calça.

A estética Prada

Cores, estampas e texturas

O uso peculiar de estampas pela marca vem desde que Miuccia lançou suas primeiras coleções prêt-à-porter. Desde o início, as combinações de cores eram quase sempre incomuns (como a combinação de marrom-chocolate, verde-limão e xadrez da coleção primavera/verão 1996), e a escolha de estampas estava intimamente ligada à narrativa de cada coleção. No desfile da coleção primavera/verão 2000, a estampa icônica de lábios e batons acrescentou um quê de Pop Art a um visual que, do contrário, seria clássico.

À direita: A simplicidade do estilo da Prada permite combinações interessantes de texturas e cores. Amarelo-mostarda, verde-oliva e azul-claro foram essenciais para a paleta de cores retrô da coleção primavera/verão 1996, que ficou conhecida como a coleção da "estampa fórmica", em referência aos padrões de vinil das cozinhas dos anos 1960.

Página oposta: Miuccia Prada costuma revisitar épocas anteriores em busca de influências para suas coleções. A estampa usada aqui combina verde-limão, marrom-chocolate e branco em um padrão que remete aos anos 1970. O corte do casaco trespassado e o comprimento curto lembram a tendência das minissaias dos anos 1960.

Página 40: Texturas incomuns, como as penas de pavão desta saia, brilharam na coleção primavera/verão 2005.

A estética Prada

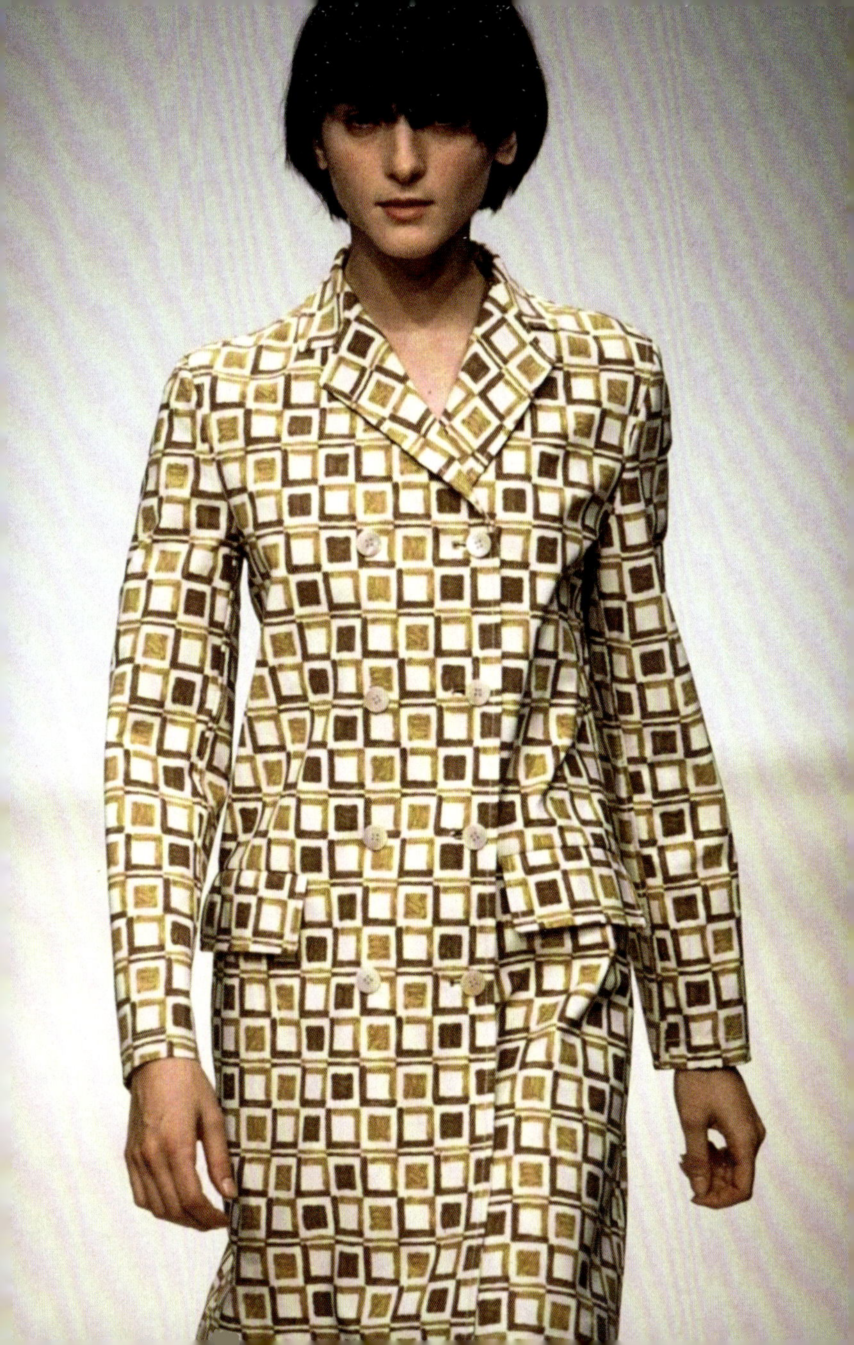

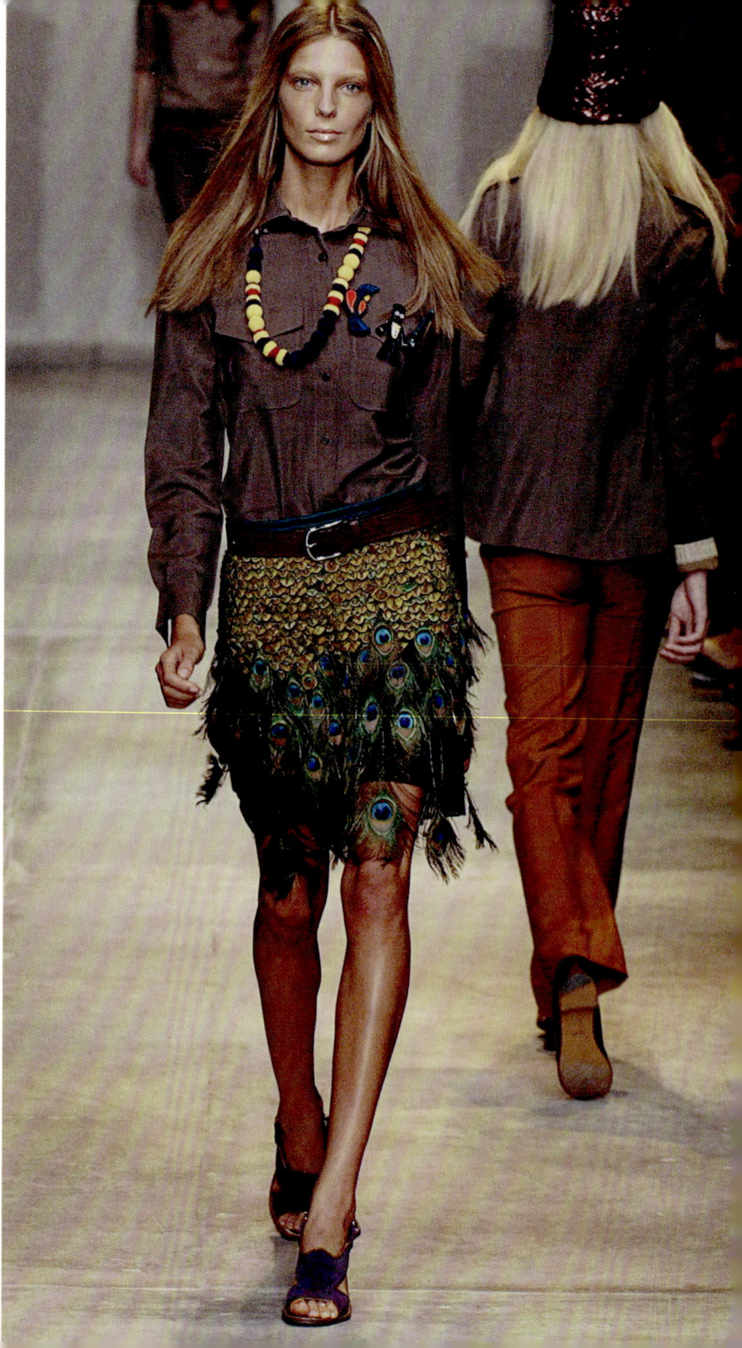

A coleção outono/inverno 2003 incluiu as estampas ousadas de William Morris em uma série de tweeds de inverno, enquanto a coleção primavera/verão 2008 convidou o ilustrador James Jean para criar estampas com temática de contos de fada, dando mais uma dimensão a um desfile inesperadamente fluido e leve (veja também as páginas 110-115).

Miuccia também usa as texturas como forma de expressão, às vezes de modo provocativo, desafiando conceitos preestabelecidos e tirando elementos de contexto. Entre alguns exemplos estão um vestido feito inteiramente de franjas na coleção primavera/verão 1993, espelhos incorporados às roupas na coleção primavera/verão 1999 (esses são tradicionalmente encontrados em saris indianos e costurados ao tecido como se fossem paetês grandes) e uma saia feita de penas de pavão para a coleção primavera/verão 2005.

No desfile de outono/inverno 2008, Miuccia ressignificou o uso da renda em uma coleção que lançou praticamente sozinha uma tendência instantânea: o *revival* da renda (ver páginas 42-43). Rendas nas cores preto, marrom, cinza, ocre, dourado, laranja e azul-claro não foram usadas como ornamentos casuais, mas sim como tecido principal de vestidos, camisas, saias, calças e até bolsas, em uma coleção de ar austero, a despeito do tecido. A renda até então nunca tinha sido vista sob esse prisma, distante de suas associações decorativas tradicionais.

À esquerda: A coleção primavera/verão 1999 trouxe detalhes interessantes de espelhos costurados em peças delicadas, remetendo aos paetês encontrados nos saris tradicionais indianos e criando textura em um visual minimalista.

A estética Prada

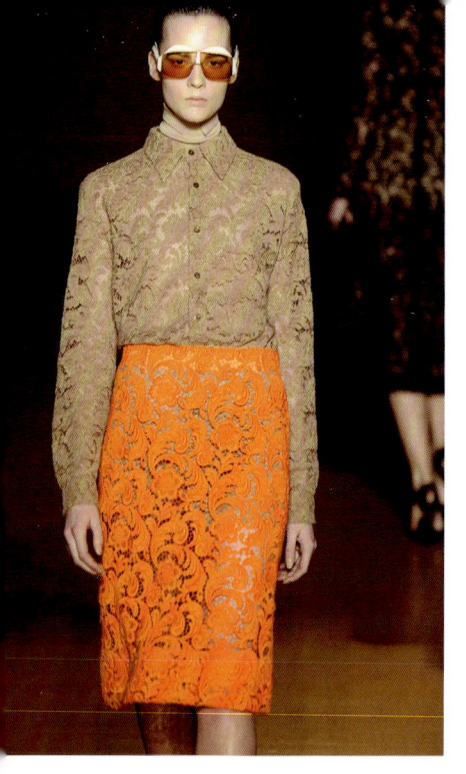

Acima e na página oposta: Desafiando a tradição, a renda foi utilizada na coleção outono/inverno 1998 para criar peças completas e acessórios em vez de servir apenas como ornamento. As cores usadas eram incomuns para esse tipo de tecido, e incluíam preto, marrom, cinza, ocre, dourado, azul-claro e laranja. A saia lápis em renda laranja vivo (acima à esquerda), combinada com uma camisa de renda de cor camel e óculos de sol laranja, é um grande exemplo desse uso inusitado das cores. A Prada também empregou a renda nessa coleção para produzir acessórios. Uma bolsa de renda preta, com alças de couro, combina com a calça de renda preta (acima à direita).

A estética Prada

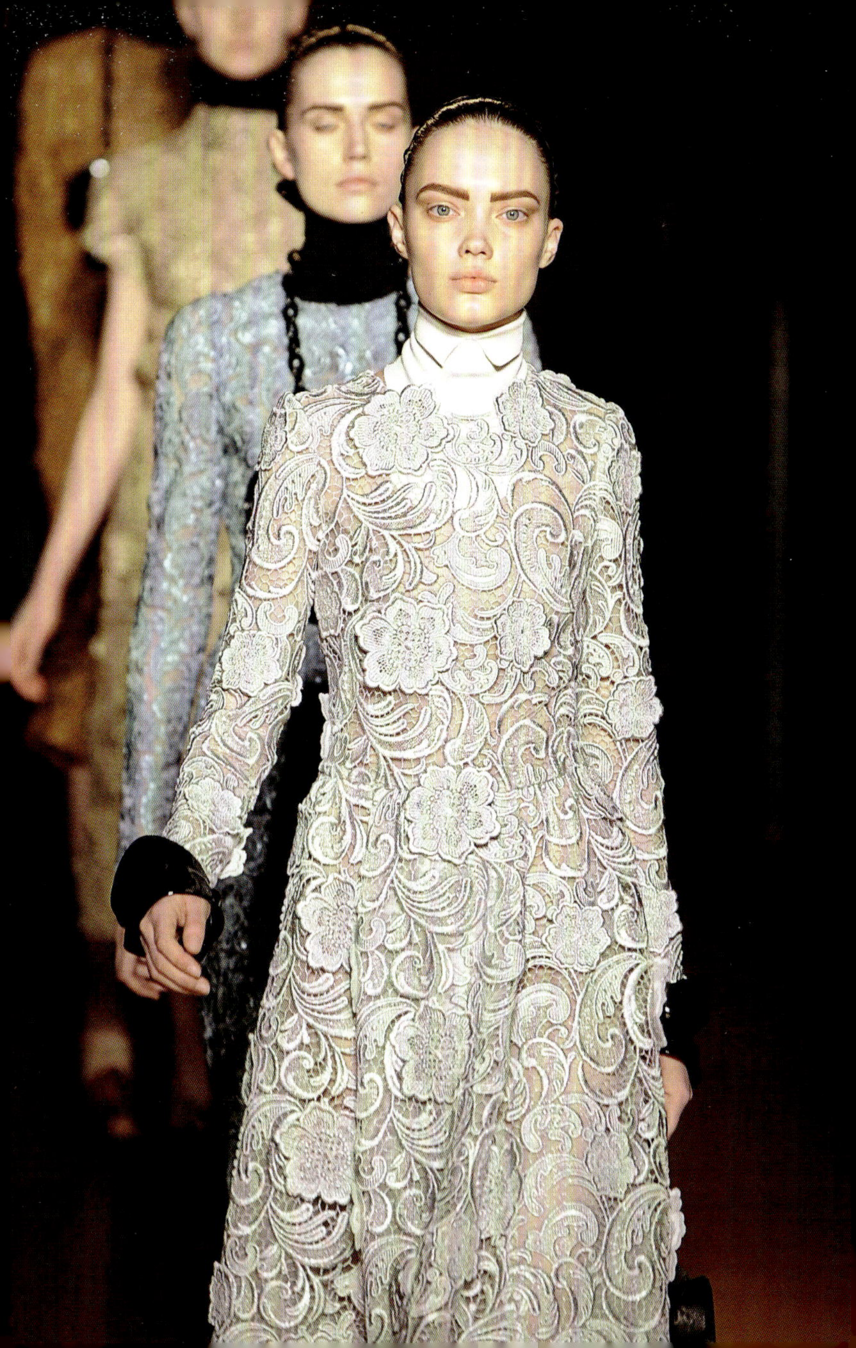

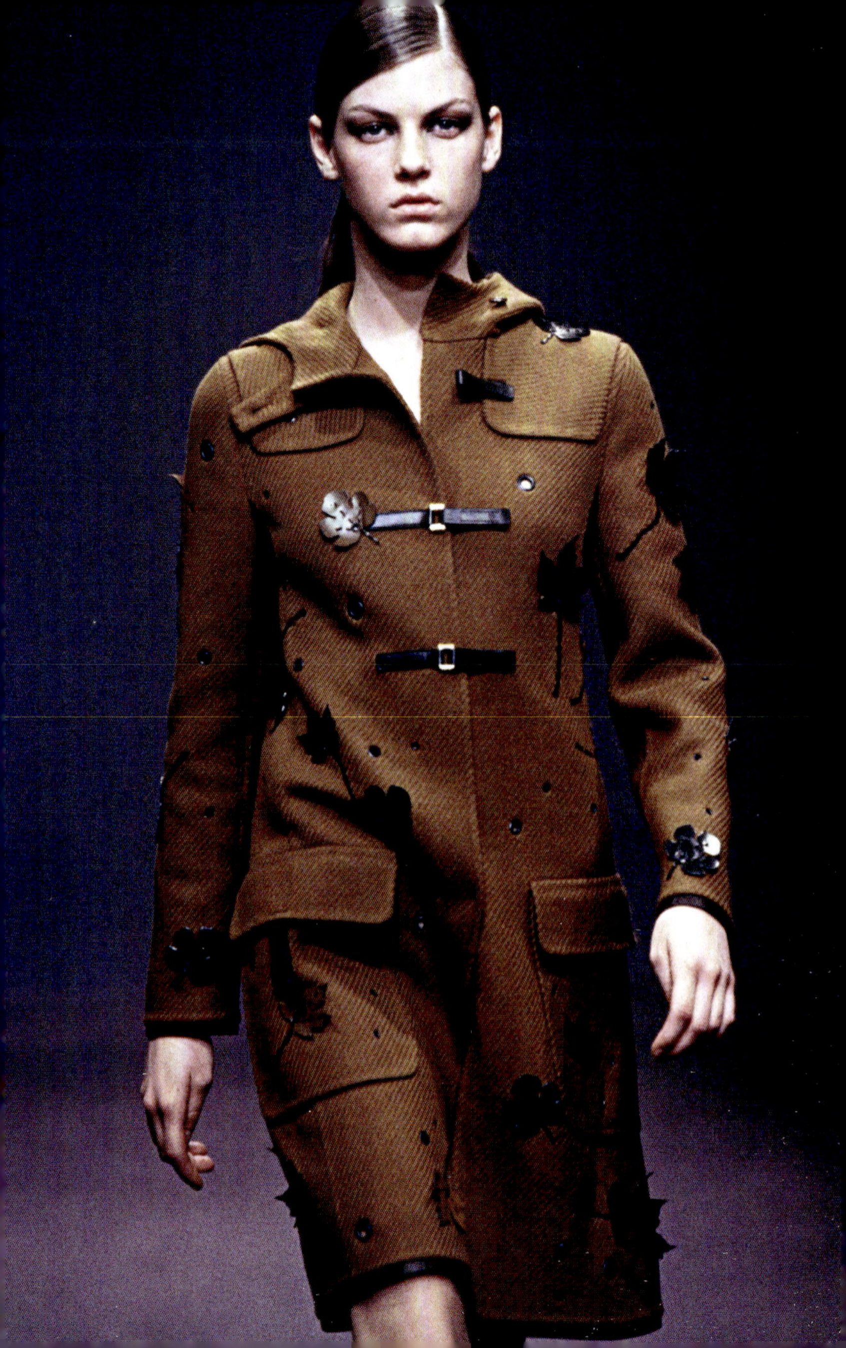

Página oposta: A tendência militar está presente em muitas das coleções da Prada. Este casaco marrom da coleção outono/inverno 1999 tem duas tiras de couro para fechá-lo na frente e folhas costuradas em toda a sua extensão, que acrescentam textura e originalidade a uma peça normalmente clássica, utilitária e sem graça.

Acima: Os sapatos do desfile da coleção outono/inverno 1999 também foram decorados com folhas em apliques de couro, acrescentando textura a um formato clássico.

À esquerda: Este vestido longo canelado e ajustado à silhueta, em um tom ousado de laranja queimado e acabamento em pele sobre top marrom-chocolate, brincou com textura e cor no desfile da coleção outono/inverno 1993. O adereço no pescoço em marrom-ferrugem complementa o visual.

Página oposta: Este vestido, em um ocre dourado opulento, fez parte da coleção outono/inverno 1993. É usado aqui com um casaco marrom desabotoado com lapelas estruturadas e debrum. Um chapéu roxo e botas de amarrar complementam o conjunto, com uma combinação original de cores.

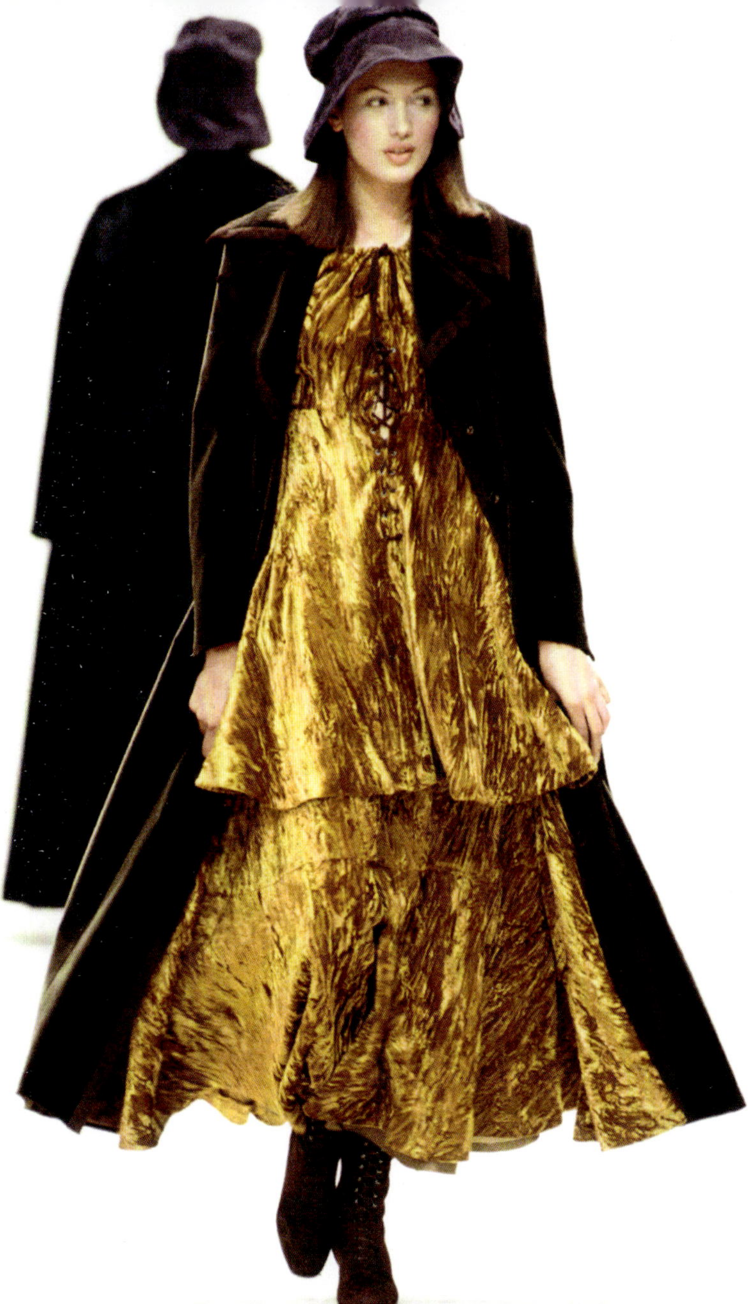

Vendendo o visual da Prada

A filosofia do encontro entre passado e futuro da Prada também fica evidente em suas campanhas publicitárias, que têm uma narrativa editorial impactante e inovadora. Cada campanha conta em detalhes uma história na qual o ambiente criado e a expressão da modelo são fundamentais. As roupas, que ironicamente se tornam quase incidentais, fazem parte de uma fantasia criada para seduzir consumidores do mundo todo. As campanhas reúnem as melhores equipes de produção – lideradas por fotógrafos renomados, como Steven Meisel, que fotografa as campanhas desde 2004 –, que interpretam e transmitem a visão moderna da Prada.

Apresentar uma coleção ao público oferece mais uma oportunidade para mostrar a essência da marca. A abordagem da Prada, sem dúvida influenciada pela passagem de Miuccia no Teatro Piccolo, às vezes pode ser tão dramática quanto qualquer produção teatral. Desde 2000, a Prada usa uma fábrica adaptada na Via Fogazzaro, em Milão, para realizar seus desfiles. De tempos em tempos, o espaço é transformado por meio de instalações, telas e decoração para ambientar o conceito de cada coleção e transmitir sua mensagem específica. Nenhum detalhe é deixado de lado, desde o design do convite e a espessura do envelope até o momento em que uma seleção de canapés é oferecida aos convidados. Todos ficam tentando adivinhar e deduzir o que está por vir, porque, embora a assinatura da Prada seja inconfundível, é também imprevisível. A iluminação, a música e a distribuição dos lugares aos convidados fazem parte de uma produção fenomenal que transporta o público, composto de editores de moda e compradores, para um novo mundo, desafiando-os a suspender a descrença e esperar o inesperado.

Novo e antigo, tradicional e inovador... Tudo no mundo da Prada é permeado por uma energia atraente e instigante.

Acima: A Prada usa cada desfile para proporcionar a singular "experiência Prada" a um público seleto e influente. A coleção primavera/verão 2011 combinou cores, listras e acessórios marcantes – incluindo estolas de pele listradas e sapatos com três solas unidas em uma só – para produzir um desfile de verão vibrante, que transbordava energia. A maquiagem das modelos remetia aos anos 1940, com cabelos ondulados com gel e sombras prateadas.

A estética Prada

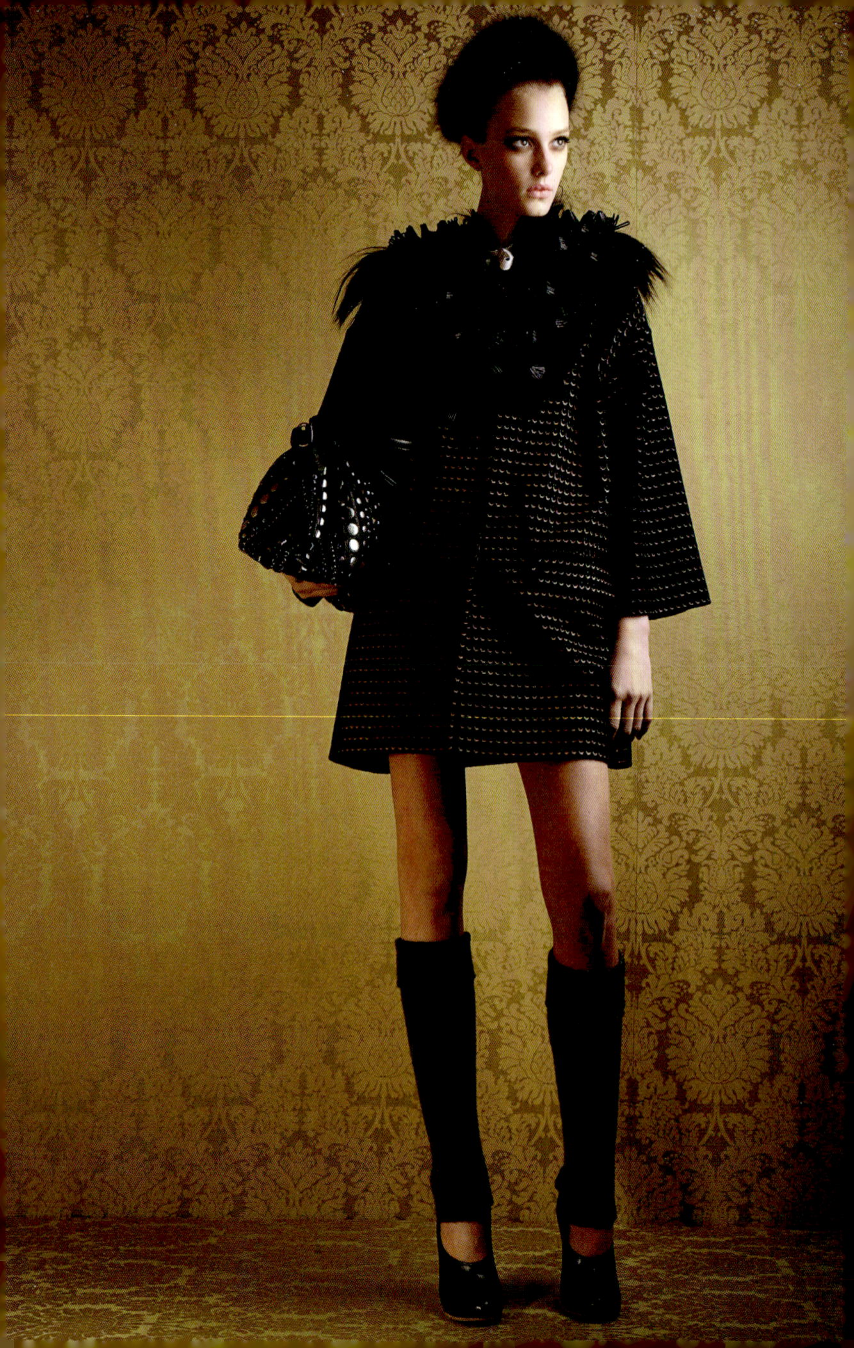

Miu Miu:
a irmã caçula da Prada

Em 1993, a Prada lançou uma segunda grife, que batizou de Miu Miu – o apelido de Miuccia desde a infância. Essa linha de difusão era mais acessível e dirigida ao público jovem, o que ampliou o alcance da marca. No geral, a Miu Miu tem uma energia muito diferente da linha principal das coleções da Prada: jovial, vibrante, colorida e às vezes sexy, excêntrica e boêmia. Além disso, não enfatiza tanto o luxo e transmite uma maior sensação de aventura. Embora as duas coleções tenham uma separação clara, há uma semelhança familiar, e a Miu Miu costuma ser descrita como a "irmã caçula da Prada".

O sucesso da Miu Miu está em sua habilidade de traduzir o estilo cool e descontraído que algumas pessoas parecem ter, incorporando "algo antigo" e sempre criando um visual incrível. Com frequência, as peças – saias, vestidos ou calças – parecem simples à primeira vista, mas seu valor é garantido pelo uso original de tecidos ou estampas.

Desde o início, a Miu Miu capturou o espírito do momento e criou looks extremamente fáceis de usar e acessíveis aos amantes da moda. A identidade da marca – mais jovem e menos sofisticada do que a Prada – foi reforçada por suas ecléticas campanhas publicitárias. Campanhas que contaram com celebridades como Drew Barrymore, Chloë Sevigny, Katie Holmes e Vanessa Paradis, além de fotógrafos editoriais badalados como Terry Richardson, Juergen Teller, Mario Testino e a falecida Corinne Day.

As muitas faces da garota Miu Miu contêm infinitas influências, tornando a marca impossível de classificar. Há, contudo, alguns temas recorrentes que moldam e definem a personalidade da grife.

"É sobre as bad girls que eu conheci na escola, aquelas que eu invejava."

Miuccia Prada

Página 50: Para a coleção pré-outono 2009, a Miu Miu exibiu uma elegância divertida. A modelo usa um sobretudo inspirado nos anos 1960, ornamentado, com mangas amplas e polainas com saltos altos.

À esquerda: A coleção primavera/verão 1999 recebeu forte influência do esporte e dos momentos de lazer. Este top sem mangas, com capuz e zíper preto, é combinado com shorts bem curtos, que dão um toque peculiar a um conjunto que, de outra forma, seria comum.

Página oposta: O verde-militar é usado aqui para criar um vestido com detalhes inesperadamente femininos nos bolsos e nas mangas. Em contraste, uma pochete com cinto laranja dá mais definição e forma à silhueta.

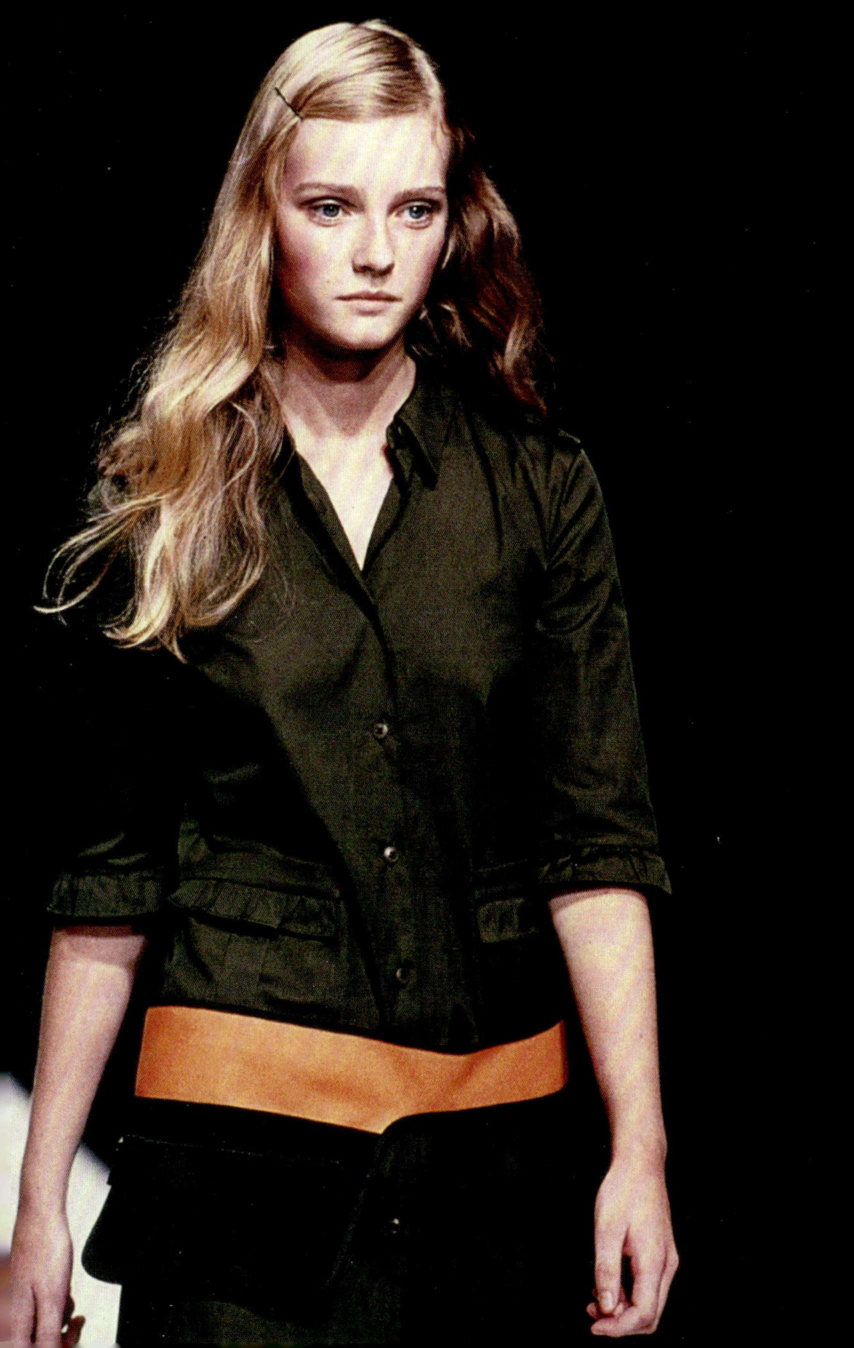

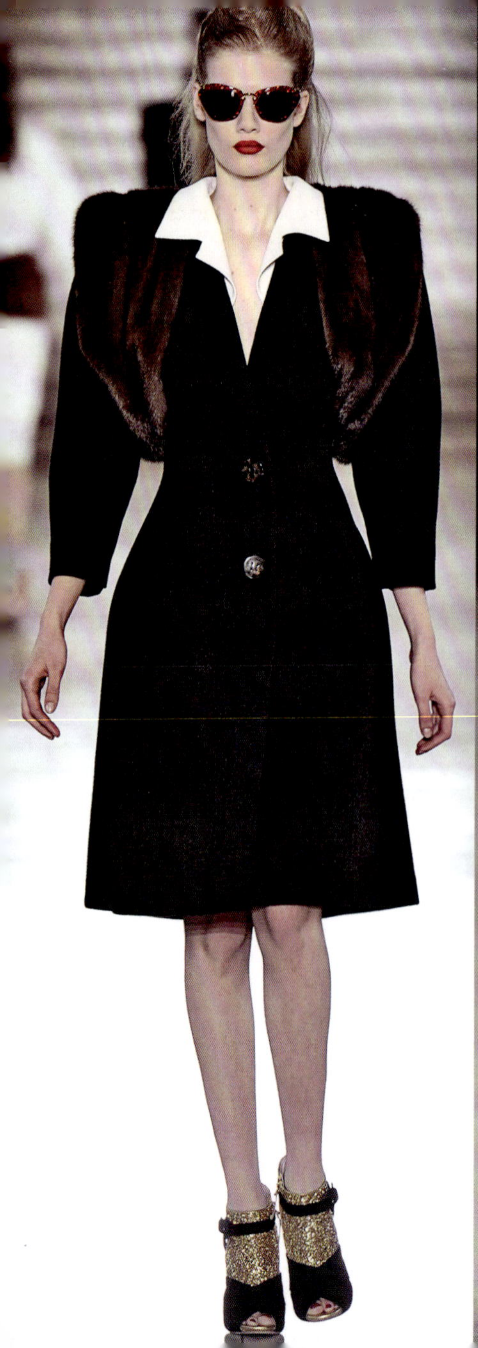
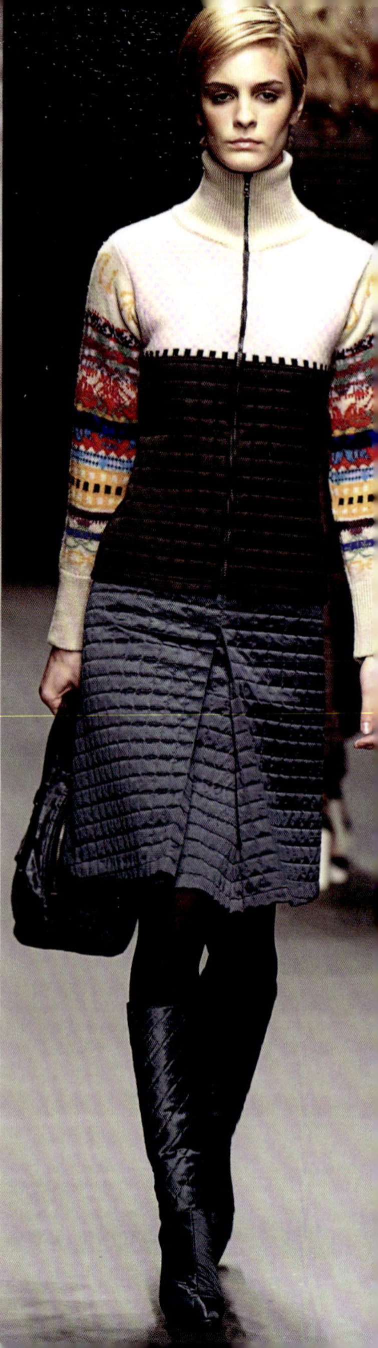

Pilhando o passado

Revisitar épocas passadas é algo que Miuccia Prada admite ter feito desde o início de sua carreira na moda – e também é uma característica pela qual ela se tornou conhecida. Como um pássaro que coleciona gravetos para fazer um ninho, ela tem um jeito de coletar e juntar detalhes retrô de uma forma feminina e particularmente jovem. Em "Portrait of Hailee" – a campanha de 2011 fotografada por Bruce Weber –, a coleção é exibida no estilo filme noir, com uma trilha sonora clássica e dramática que remete aos filmes mudos. Ela traz a atriz Hailee Steinfeld simplesmente sendo ela mesma – deitada na grama, sentada na linha do trem, sonhando acordada, rindo e comendo pizza com as mãos – e combina elementos vintage, como enfeites de contas e vestidos midi com toques modernos, incluindo sapatos com glitter, para criar uma aura de alegre nostalgia. Esse sentimento também se expressa na elegância e nas formas ajustadas dos anos 1940, que às vezes são retratadas com ar informal (a coleção outono/inverno 2002 foi casual, feminina, bonita e divertida no seu uso delicado do chiffon rosa-claro, camisetas listradas e saias de lã) e, em outros momentos, de maneira mais madura e recatada (a coleção outono/inverno 2003 trouxe vestidos longos clássicos na altura do tornozelo, saias e calças hipster usados com alguns detalhes de peles).

Página oposta, à esquerda: As formas angulosas e ajustadas dos anos 1940 estiveram presentes na coleção outono/inverno 2011. Óculos escuros e estolas de pele faziam referência à Era de Ouro de Hollywood, reforçada pelo batom vermelho clássico.

Página oposta, à direita: Mais uma referência aos anos 1940 é vista nesta elegante silhueta de 2002. As cores e a textura de matelassê na roupa, bolsa e botas conferem uma dimensão moderna.

Acima: Este casaco verde-militar trespassado da coleção outono/inverno 2002 se ajusta à silhueta com um cinto amarrado (e não afivelado) na cintura, deixando mais feminina a peça unissex. As modelos, com cabelos repartidos do lado e batom vermelho, evocam a estética austera do período de guerra.

Página oposta: Flashes de rosa, amarelo e verde na estampa retrô da blusa da modelo dão vivacidade ao que poderia ser uma roupa mais sóbria. O cachecol de pele e as mangas de mohair criam texturas e camadas, e o cinto amarrado e a bolsa completam o look feminino.

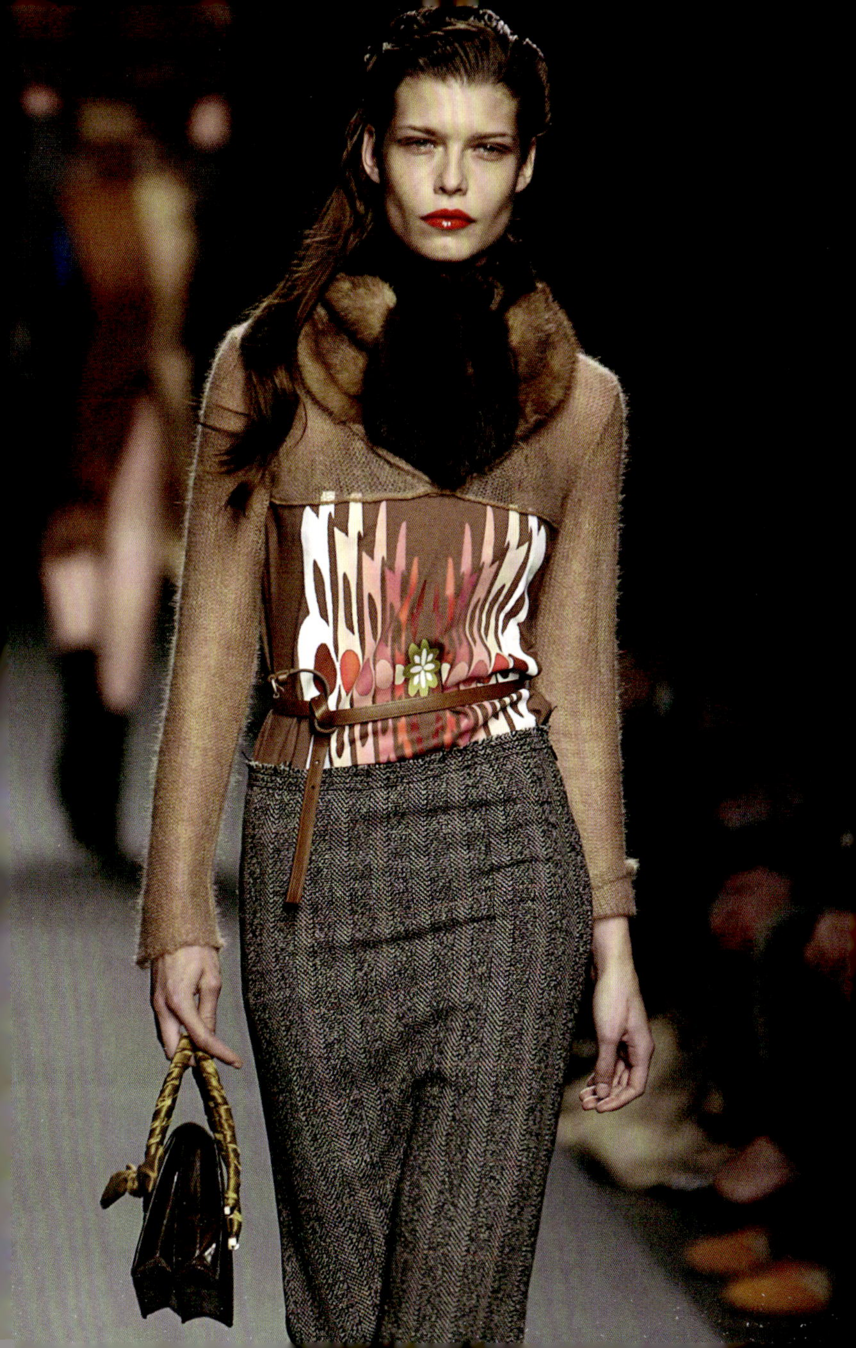

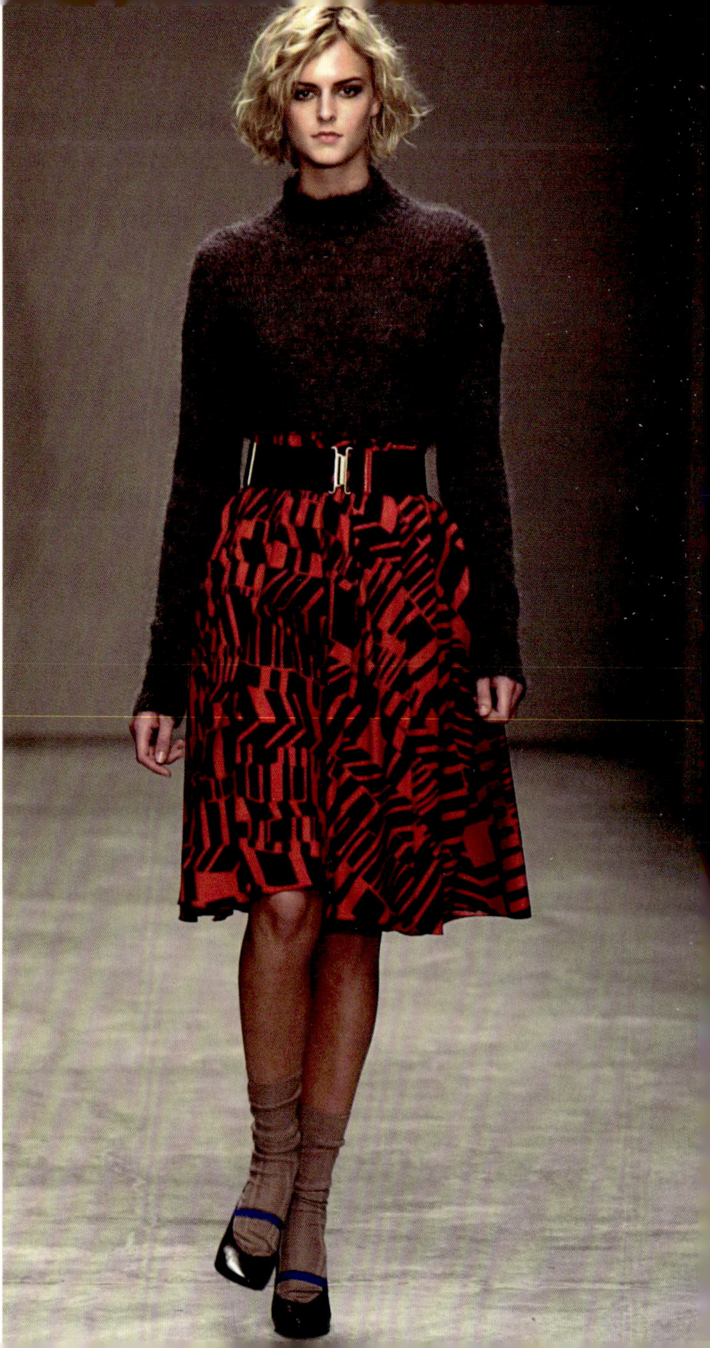

Chique despojado

A simplicidade da Miu Miu adapta-se perfeitamente ao look chique despojado: elegante, discreto e com foco na qualidade e nas formas clássicas. Quando interpretado pela Miu Miu, esse look tem um ar quase adulto, capturado perfeitamente na coleção primavera/verão 2000, "Almost a Lady" ("Quase uma dama", em tradução livre), caracterizada por saias plissadas e jaquetas de beisebol. A coleção primavera/verão 2001 viu a Prada dar um ar moderno ao formal, mesclando as formas dos anos 1950 com referências aos anos 1980, como casacos de ombros caídos que dão um ar urbano ao conjunto. Cintos largos de elástico e saias volumosas foram essenciais à coleção, enquanto o uso de meias longas com sapatos de salto alto fez referência à estética colegial.

Outra característica essencial do chique despojado é o cardigã, presente em todas as coleções. Às vezes usado sozinho e com frequência usado com um cinto para acentuar a forma feminina, ele se tornou um item básico da Miu Miu, essencial para a estética da marca. Acessórios como brincos de argola, colares de correntes e tiaras largas e coloridas consolidam o look, reforçando o ar de inocência que a Miu Miu transmite em quase todas as suas coleções.

Página oposta: A modelo Jacquetta Wheeler usa saia evasê preta e vermelha com um cinto preto largo preso por uma fivela dourada. Um simples suéter cinza de tricô com gola alta e meias cinza combinadas com saltos de bico fino compõem o look jovem, tão típico da Miu Miu.

À direita: Meias com salto alto conferem um ar divertido à coleção e enfatizam o espírito jovial da marca. Aqui, sapatos coloridos de padrão geométrico destacam-se em contraste com as meias cinza caneladas.

À esquerda: Rosa-chiclete e preto são a combinação perfeita para este conjunto elegante da coleção primavera/verão 2000. A jaqueta em dois tons, que remete à jaqueta bomber dos anos 1950, combina com a saia lápis e os sapatos delicados em preto e rosa.

Página oposta: Camel e marrom-claro se combinam sem esforço aqui, em um look com cinto que incorpora muitos dos elementos-chave da Miu Miu, incluindo o estilo chique despojado, para a coleção de 2002.

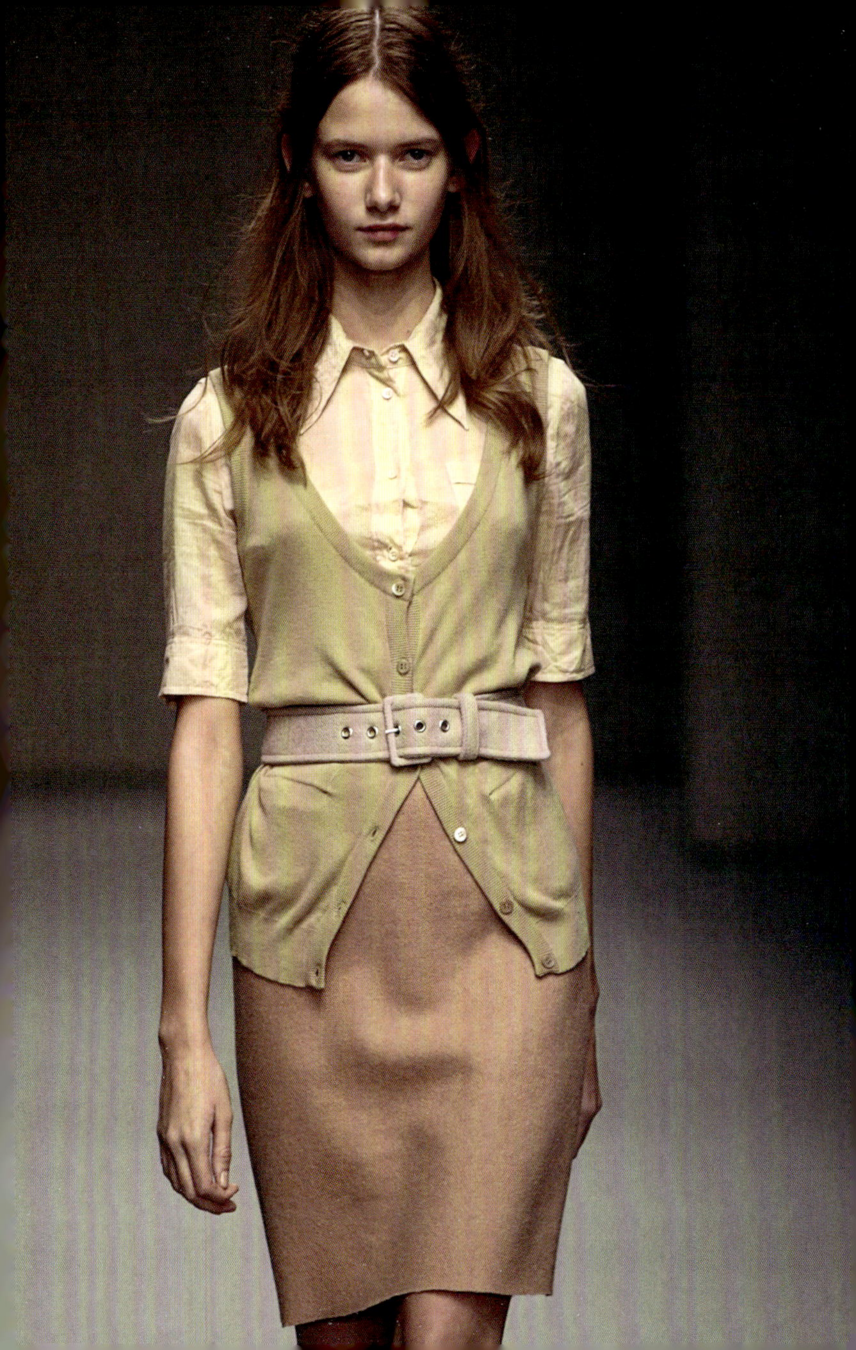

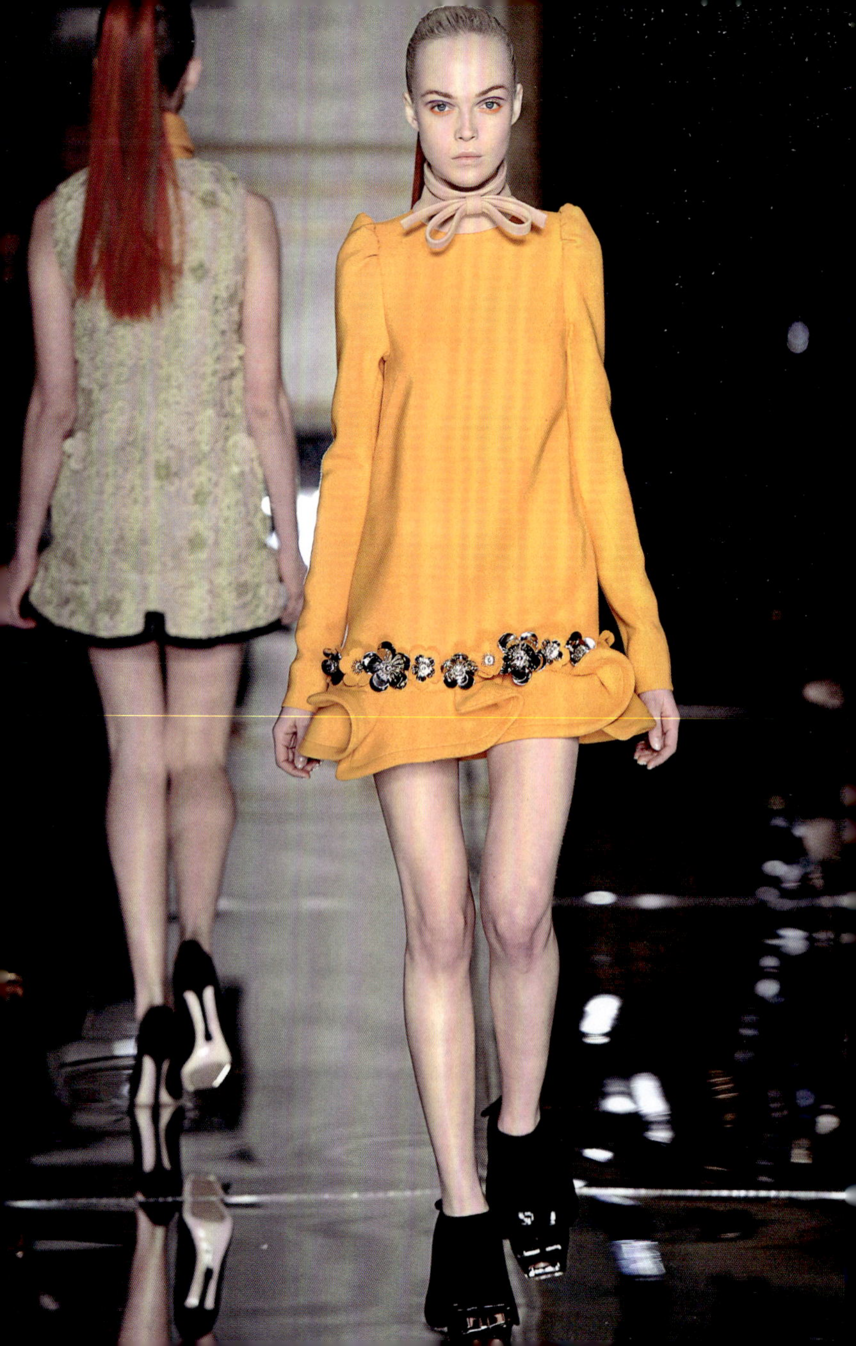

Cena anos 1960

Vestidos evasê, referências aos florais da estilista Mary Quant e sapatos plataforma estão presentes de forma intermitente no universo da Miu Miu, quase sempre incorporando a estética ajustada, vibrante e leve da moda dos anos 1960. Com suas linhas estreitas, minivestidos elegantes e saias estruturadas para criar volume, o desfile da coleção outono/inverno 2010 foi diferente e sofisticado. Detalhes florais enfeitavam os tecidos, e golas altas com finos laços de fita davam aos looks um toque doce e atual.

Essa tendência, mais do que qualquer outra, parece ter roubado os corações dos editores de moda: em agosto de 2010, um vestido muito moderno estilo anos 1960 da coleção da Miu Miu apareceu simultaneamente nas capas da *Vogue* e da *Elle* britânicas e da revista *W* norte-americana. Isso nunca tinha acontecido antes – um feito que evidenciou a popularidade da marca e sua capacidade de se conectar mundialmente, o que sem dúvida deixou Miuccia feliz.

Página oposta: A coleção outono/inverno 2011 foi inspirada nos anos 1960. Este minivestido evasê laranja, com flores prateadas presas à barra, é complementado por um laço no pescoço e sapatos pretos.

À direita: A saia lilás, usada com um top preto justo com laço e uma ousada gola laranja, é acompanhada por uma bolsa estruturada, também em laranja, e saltos elegantes. Os cabelos presos da modelo complementam a composição austera do look, que é atenuada pelo detalhe feminino nos bolsos da saia.

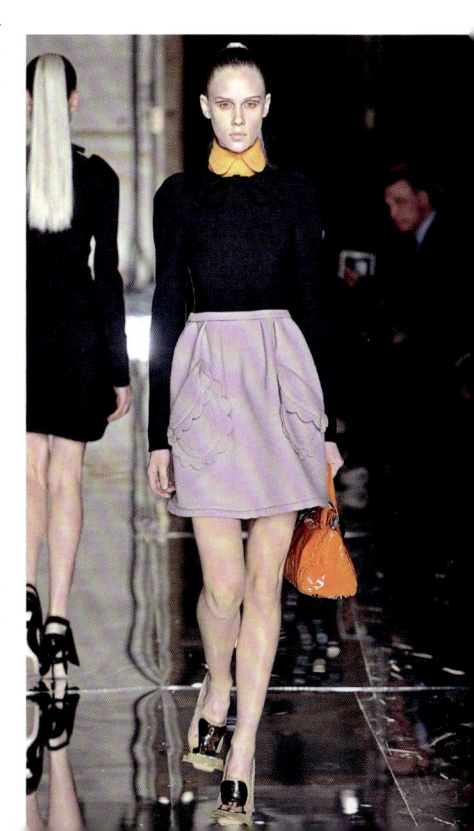

Estrelas e listras

Normalmente, os vestidos na passarela da Miu Miu têm um design simples. Contudo, assim como na linha principal da Prada, é exatamente essa simplicidade que permite que as estampas assumam o papel principal. Em certo sentido, a estampa torna a roupa especial, algo que vemos a todo tempo no trabalho de Miuccia Prada. A campanha impressa da coleção outono/inverno 2008, com Vanessa Paradis, é um exemplo perfeito disso. Um dos cliques é um close da atriz olhando para cima, com a cabeça para trás e os olhos fechados; só é possível ver a parte de cima do vestido, que tem uma estampa impactante em laranja, preto, creme, marrom-chocolate e vermelho. Tudo gira em torno da mulher e da estampa, uma imagem poderosa que personifica o estilo cool.

Página 67: A coleção outono/inverno 2008 foi inspirada nos uniformes dos jóqueis. As modelos usavam "gorros de cavalo" com os cabelos para fora, em rabos de cavalo, e traziam suas iniciais em couro costuradas nas roupas.

Página 66: Ninguém combina melhor estampas do que Miuccia Prada. A coleção primavera/verão 1995 usou e abusou de estampas dos anos 1970 em uma variedade de cores e estilos. Esta camisa retrô em lilás e tons de marrom mescla-se sem esforço com a saia vermelha, azul, marrom e branca. A tiara azul e a maquiagem natural contribuem com o ar cool do look.

Página oposta: Os acessórios são tão fundamentais para a narrativa de um desfile da Prada quanto as próprias roupas. Esta bolsa, com detalhes em couro queimado, complementa o vestido estilo retrô usando um padrão similar em uma composição de cores um pouco diferente. A incompatibilidade proposital das estampas cria uma sensação de contraste.

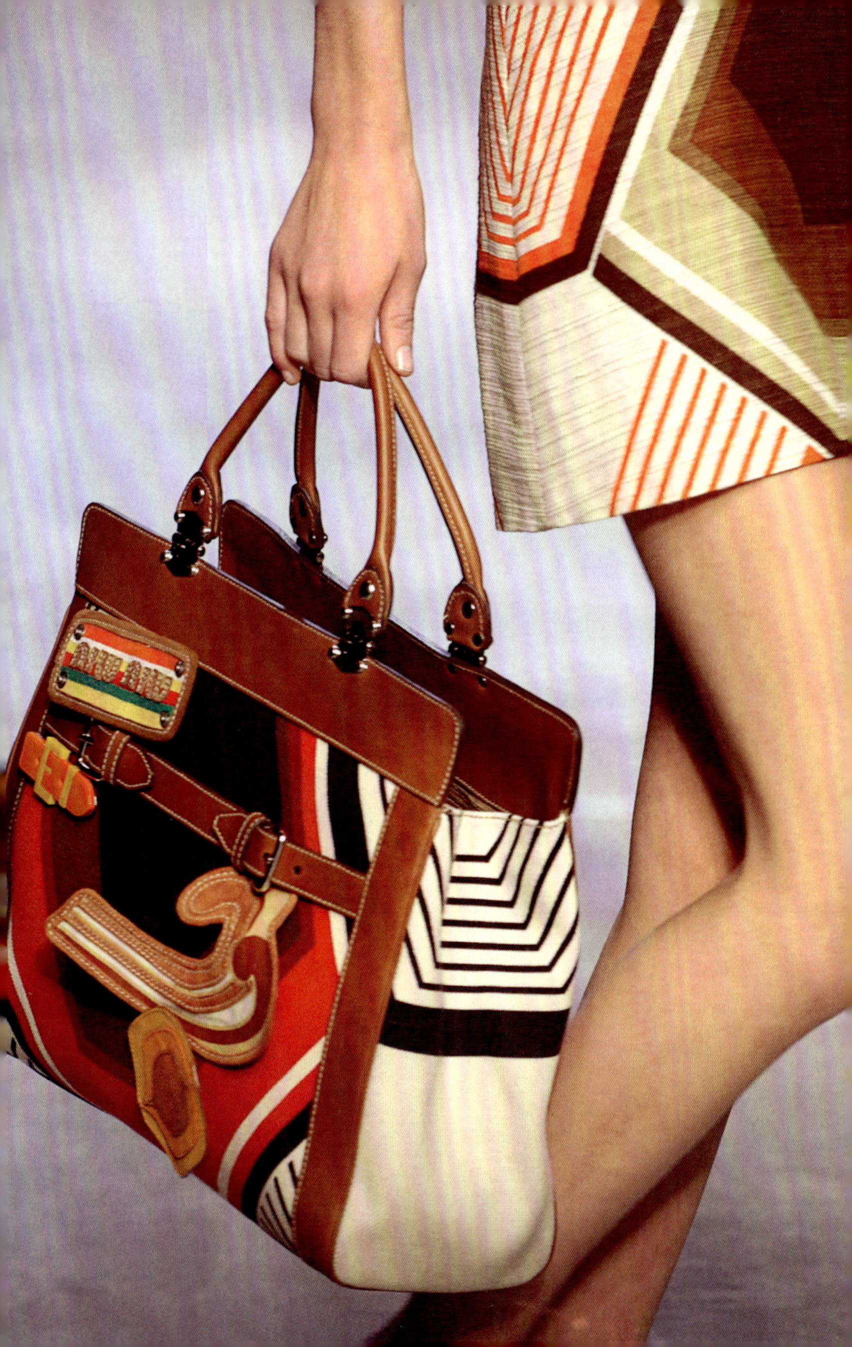

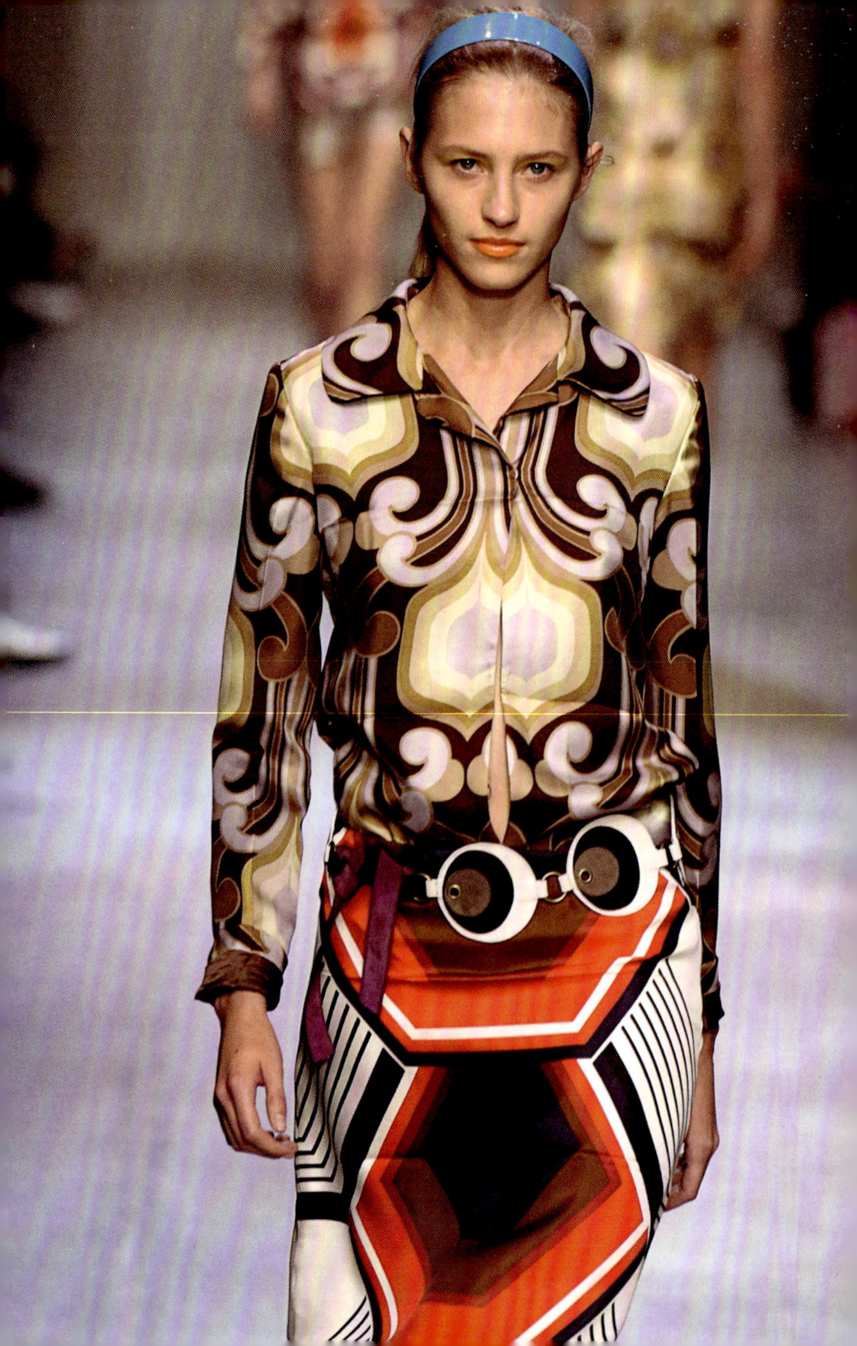

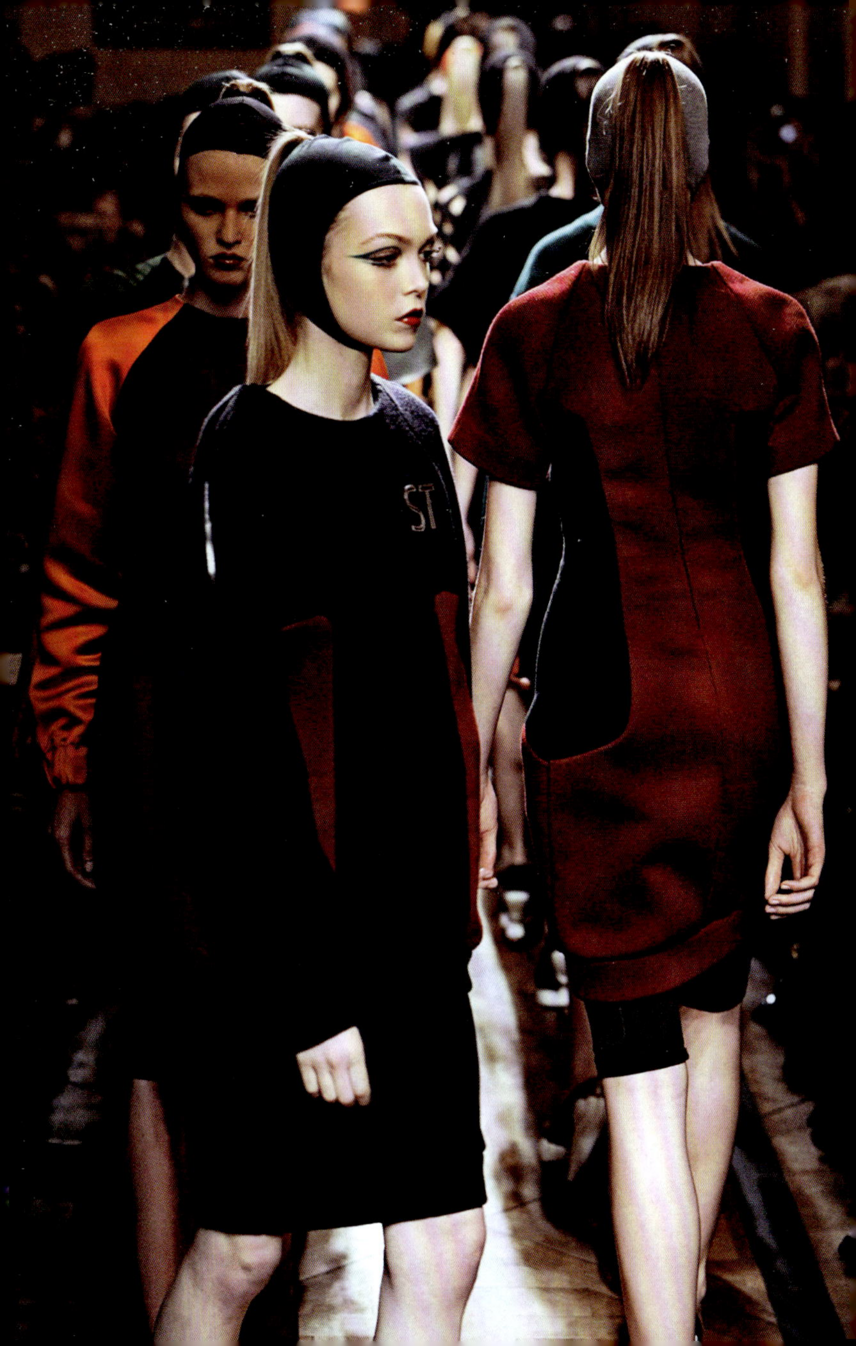
ST

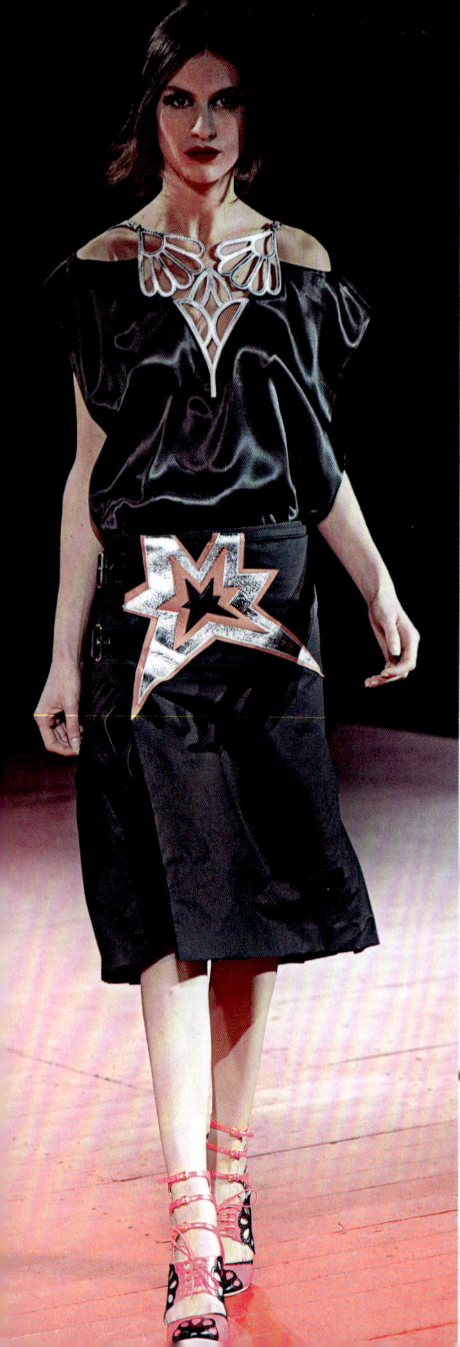
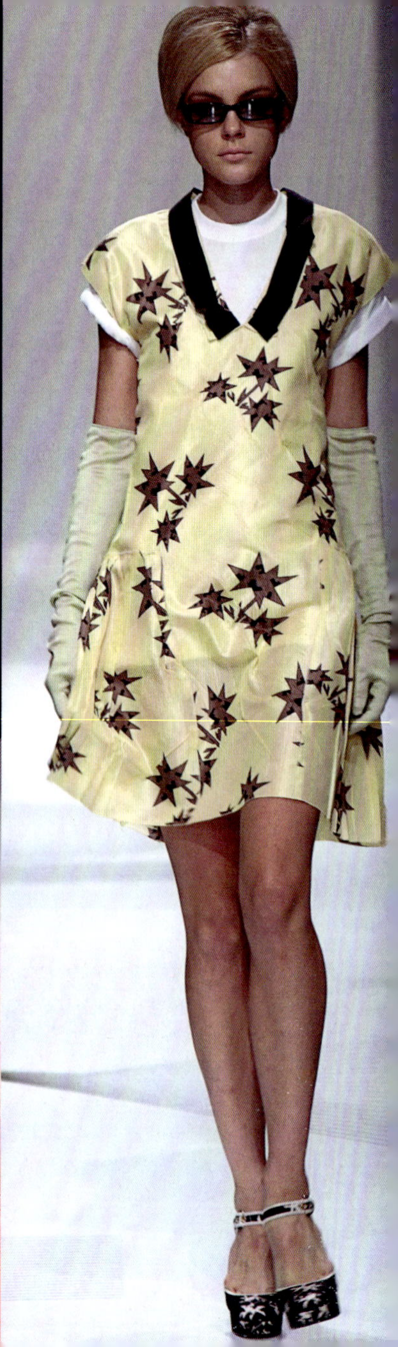

Estampas retrô que lembravam tecidos decorativos dos anos 1970 estiveram presentes na coleção primavera/verão 2005, um desfile que se baseou em formas simples com estampas ousadas e confiantes em combinações de marrons, ocres, verdes e azuis. Estampas mais delicadas e femininas também fazem parte do repertório da Miu Miu: vestidos com estampa de estrelas em rosa e verde-limão para a coleção de 2006 e estampas de animais em 2010. Em 2011, estrelas, animais e flores de lótus marcaram presença em uma coleção glam-rock inspirada pela recente obsessão com a fama. O choque de estampas foi outra fórmula interessante alcançada, quer pela combinação de duas estampas diferentes no mesmo look, quer pela mistura de estampas na mesma peça. Na coleção primavera/verão 2012, estampas e patchwork apareceram em botas, bolsas, vestidos e em uma seleção de belas capas amarradas na frente ou ao lado com uma larga fita preta. Usadas com tamancos de salto alto e botas estilo caubói, que trouxeram um ar folk a uma coleção basicamente gótica, elas roubaram a cena.

Página oposta, à esquerda: O desfile da coleção primavera/verão 2011 foi uma investigação sobre a fama, com roupas glamourosas e ousadas. Esta camisa de seda acetinada com detalhe vazado em prata é usada com uma saia estampada com uma estrela na frente. Um salto cor-de-rosa com tiras no tornozelo complementa o look "rock chique".

Página oposta, à direita: A Miu Miu também emprega estampas fofas, como esta de estrelas escuras em um fundo amarelo-claro. O vestido, usado aqui sobre uma camiseta branca, é complementado por acessórios como óculos escuros, luvas longas e salto alto, reforçando o estilo confiante que foi tema do desfile da coleção primavera/verão 2006.

À direita: As estampas da coleção primavera/verão 2010 foram intrigantes e delicadas em igual medida. Este look combina imagens de cachorros brancos na minissaia preta com nus de figuras femininas na blusa bege e na gola vermelha.

Página oposta: A estampa de flor de lótus sobre a seda deu um ar oriental ao glamouroso desfile da coleção primavera/verão 2011. Um delicado cinto azul confere uma silhueta mais feminina ao vestido.

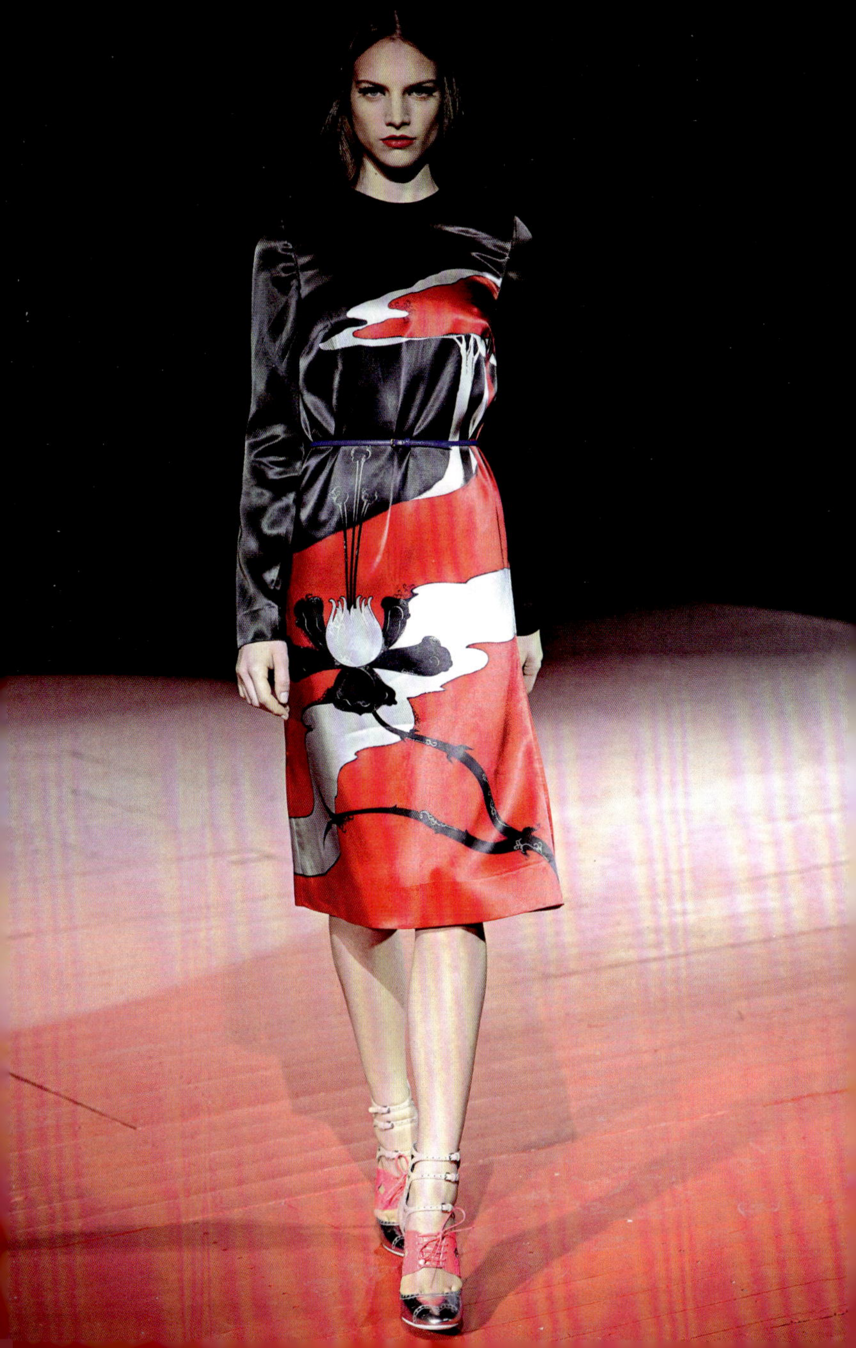

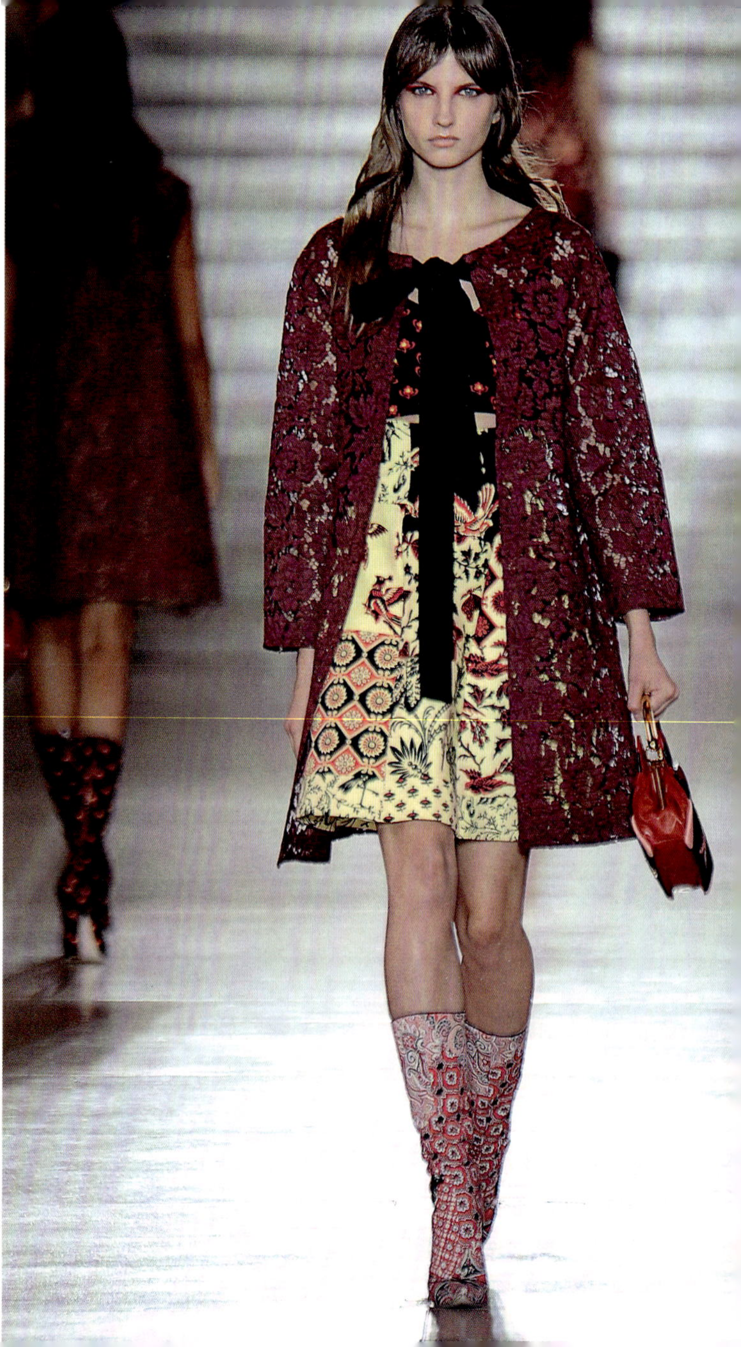

Sereias sensuais

A leitura da Miu Miu sobre a sensualidade assume vários estilos diferentes e, à medida que a marca evolui, torna-se cada vez mais presente nas coleções, tanto no desenho das roupas quanto na atitude geral dos desfiles. Na coleção outono/inverno 2002, por exemplo, botas de cano alto foram usadas com hotpants e sobretudos, enquanto na primavera 2008 vestidos extremamente curtos, que evocavam uniformes de criadas francesas, personagem de *Alice no País das Maravilhas* e coelhinhas da *Playboy*, acentuaram o brilho teatral. A campanha publicitária atraente e sensual que acompanhou a coleção foi estrelada pela atriz Kirsten Dunst e fotografada pela dupla Mert Alas e Marcus Piggott, e apresentou um look provocativo inspirado nas pin-ups dos anos 1950.

Página oposta: Este look, da coleção primavera/verão 2012, mostra uma combinação interessante de estampas no vestido estilo patchwork e nas botas. A bolsa tem um padrão geométrico em rosa, preto e vermelho, com uma alça dourada.

À direita: Duas modelos no backstage do desfile da coleção primavera/verão 2008. A modelo à frente usa batom vermelho, para combinar com os sapatos de salto, um vestido balonê preto e branco com calções brancos, punhos brancos e uma gargantilha preta que remetem a uma coelhinha da *Playboy*.

Páginas 74 e 75: Um minivestido balonê multicolorido é complementado belamente por óculos escuros laranja, enquanto um delicado vestido com saia balonê acrescenta drama a um desenho simples, ambos de 2008.

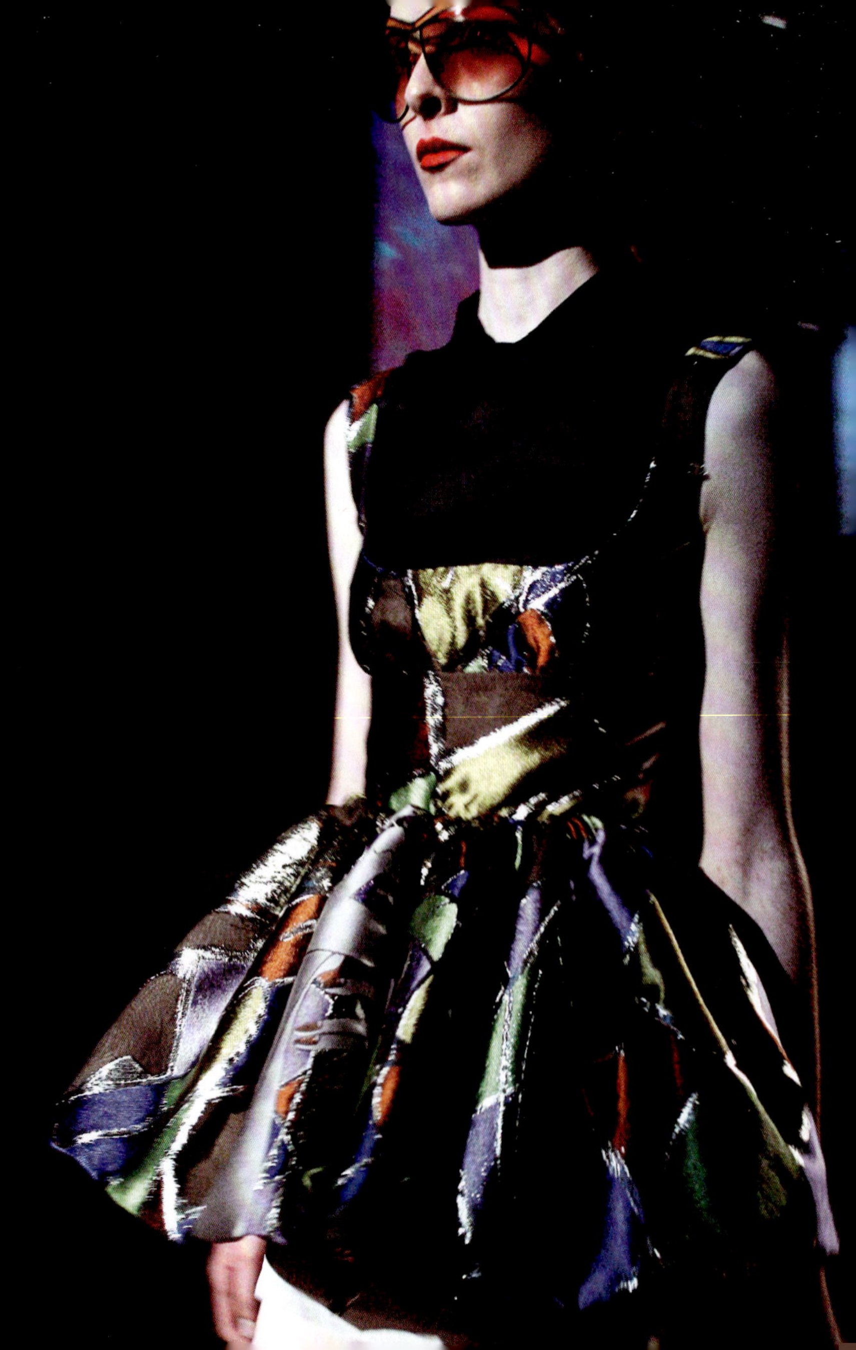

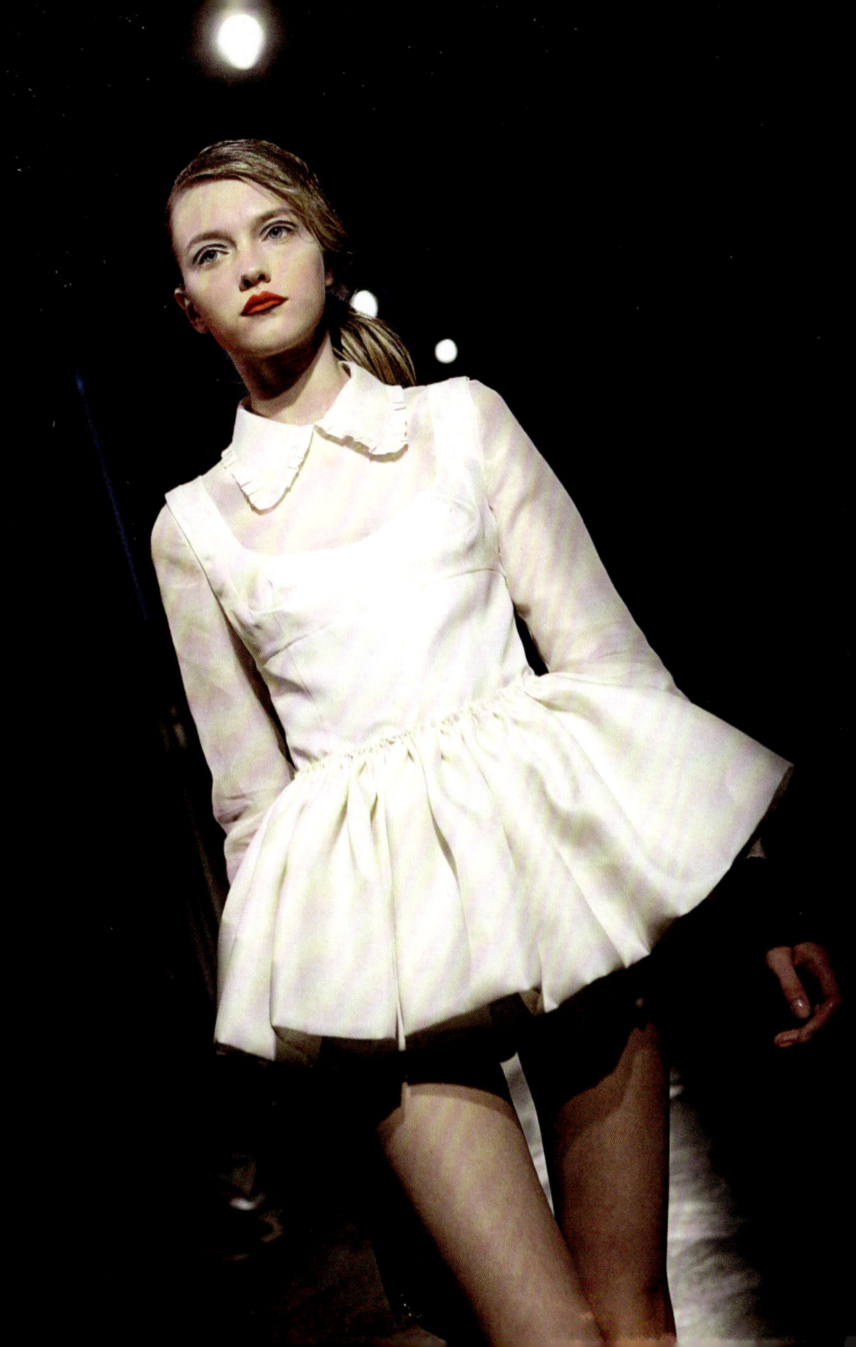

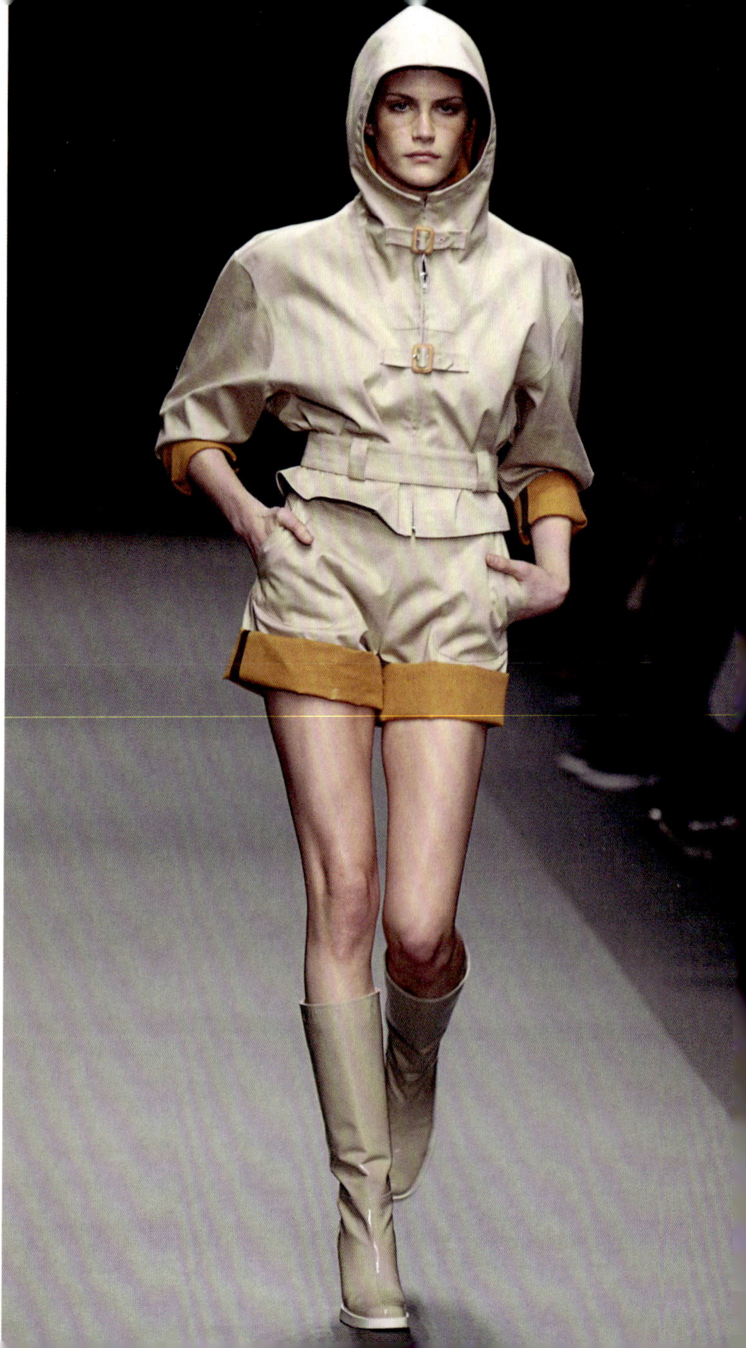

Depois de desfilar em Paris pela primeira vez no desfile da coleção outono/inverno 2006, a Miu Miu inaugurou um novo capítulo. Conforme comentou Miuccia, esta foi uma forma de tornar a linha de difusão mais especial e importante. De fato, há uma sensação palpável de que este foi o ponto de virada da marca, como se uma confiança recém-adquirida tivesse transformado as garotas em jovens mulheres. O local escolhido para a ocasião foi o famoso restaurante Lapérouse, do século XVIII, na Rive Droite parisiense. Toques inéditos de luxo acompanharam essa coleção, que teve uma estética madura mais sofisticada do que tudo o que já fora mostrado até então. Com lábios vermelhos, vestidos e saias curtas, as modelos tinham um ar provocador. Sedas estampadas, luvas longas e sapatos plataforma com detalhes entalhados no salto foram um espetáculo à parte e a cereja do bolo.

Página oposta: Shorts e botas de cano alto deram um ar sensual, com um quê de era espacial, a um conjunto utilitário de shorts e jaqueta camel com gorro.

À direita: O desfile de outono/inverno 2006 foi o primeiro da Miu Miu em Paris, reforçando a identidade própria da marca, distinta da coleção principal da Prada. As modelos, todas de batom vermelho-mate, tinham uma postura confiante e madura em uma coleção menos juvenil e mais luxuosa, que incluiu este vestido de seda estampado com uma fotografia de natureza-morta.

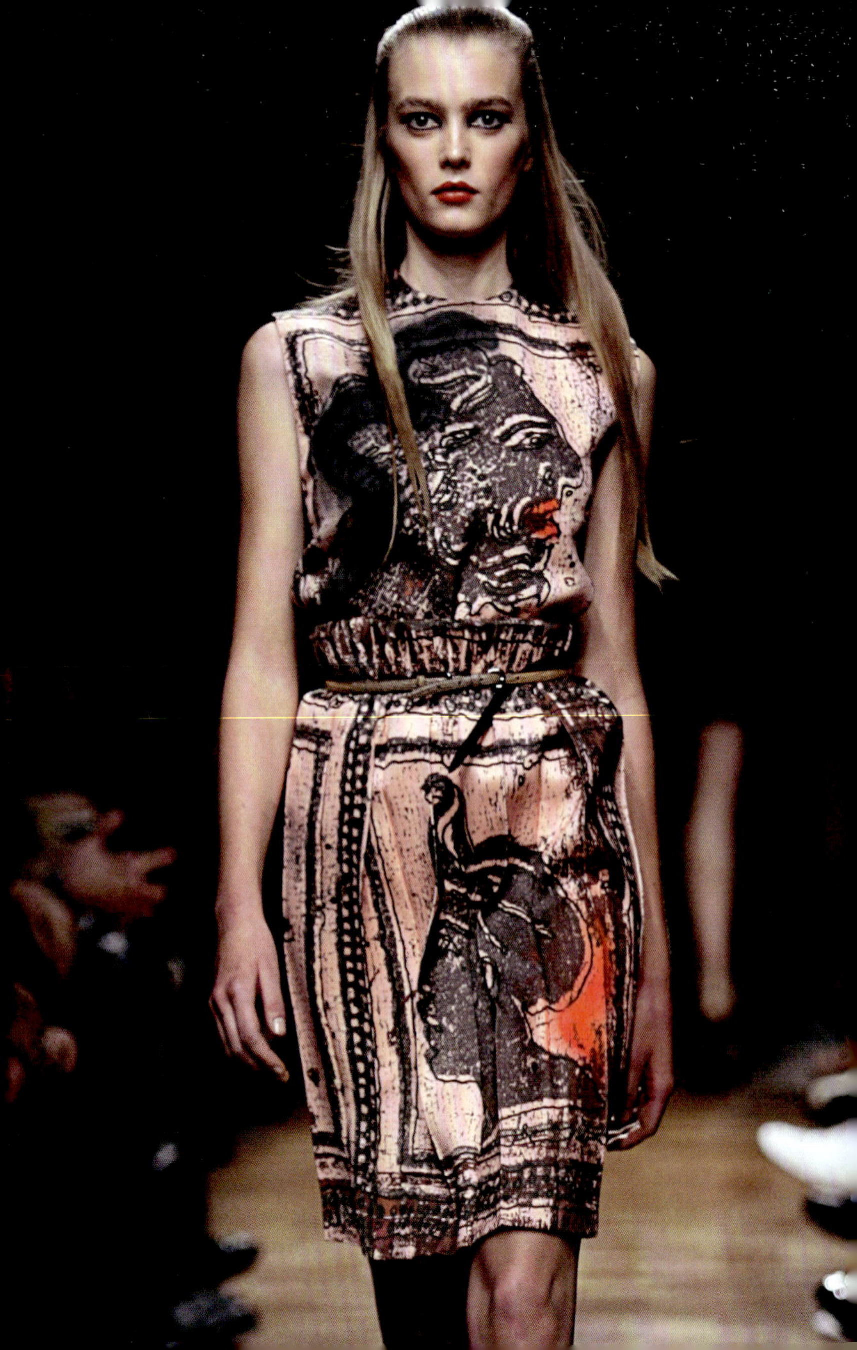

Página oposta: As pesquisas de Miuccia sobre a história da Europa refletem-se no tecido estampado deste vestido simples da coleção primavera/verão 2009. Inspirado em azulejos e moedas romanas antigas, um efeito grafitado dá um toque moderno.

À direita e abaixo: A mesma estampa vibrante é usada no vestido tomara-que-caia e no avental lateral, o que desconstrói a silhueta e dá mais estrutura ao vestido.

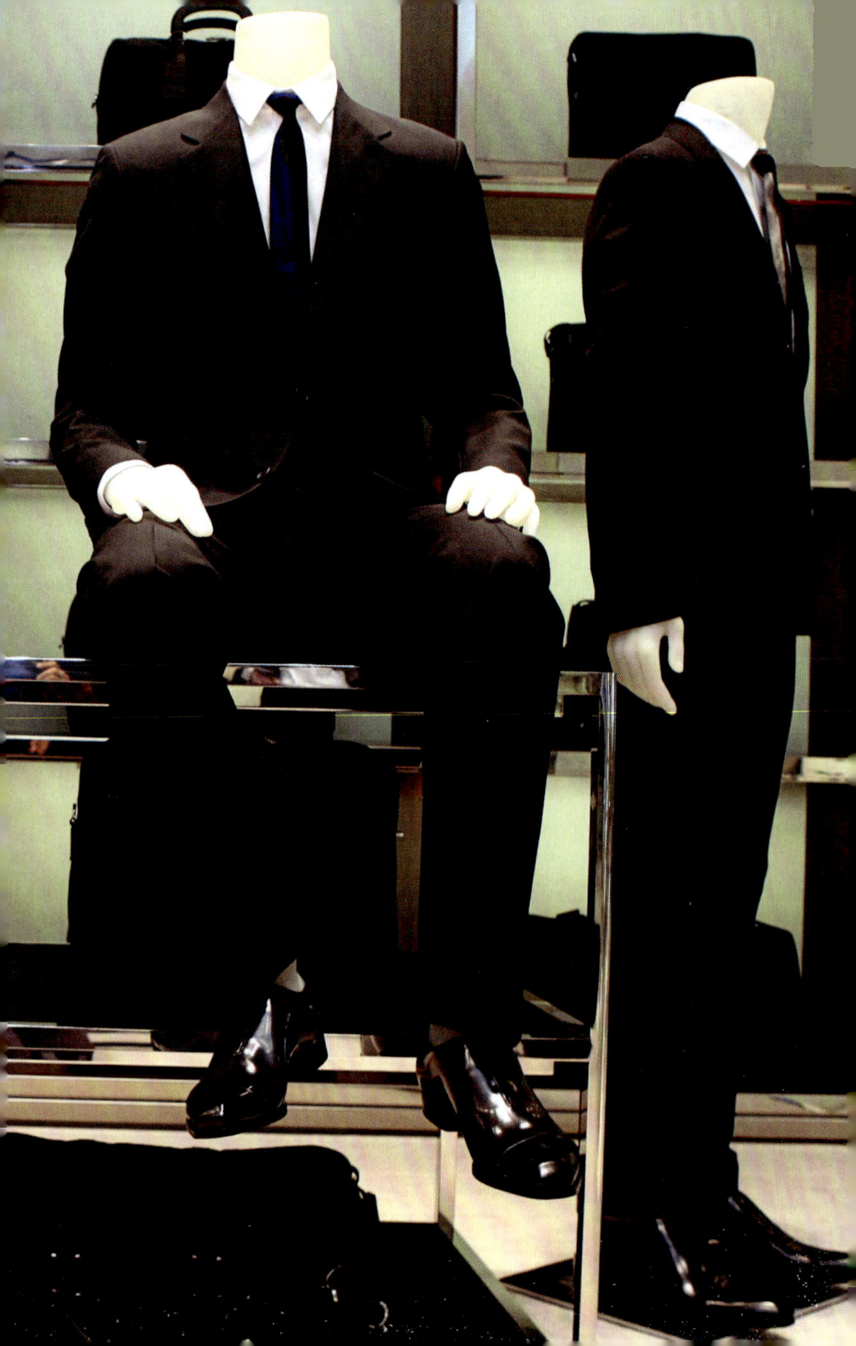

Moda masculina

Em 1993, Miuccia Prada lançou sua primeira coleção masculina completa, que incluía calçados e acessórios. As peças não capturavam só seu humor, mas, estação após estação, as coleções mantiveram a identidade da Prada de forma consistente. Um processo de elaboração meticuloso reflete-se em cada peça, garantindo que, além das formas e silhuetas, elementos de funcionalidade, como bolsos ou o uso de tecidos resistentes, também tenham um papel essencial na estética da linha.

A arte de trabalhar com elementos opostos e contrastantes é uma das forças e assinaturas das coleções masculinas, algo que é alcançado de várias maneiras. As estampas vão desde padrões estilo anos 1970 (outono/inverno 2003) a motivos mais abstratos (primavera/verão 2005) e florais coloridos em tons pastel (primavera/verão 2012), e são todas combinadas sem esforço com ternos formais, para unir os dois extremos do espectro do estilo. Não surpreende tampouco o uso exploratório das texturas como forma de expressão. Fios de nylon torcidos, normalmente empregados em roupas técnicas, por exemplo, são utilizados para criar suéteres, enquanto as malhas de mohair – normalmente associadas a roupas femininas – produzem combinações interessantes, tanto visualmente quanto ao toque, com o opaco ao lado do alto brilho, ou o liso em contraposição com acabamentos felpudos, como pele. E, no desfile da coleção outono/inverno 2007, uma série de peças (coletes, camisas e casacos) em tecidos rústicos de fio longo despontou ao lado de lã angorá dos pés à cabeça (chapéus, suéteres e calças).

A estética unissex e um olhar para a dualidade tiveram lugar no desfile de outono/inverno 2008, em uma coleção com uma abordagem mais conceitual. O desfile na passarela incluiu tops tipo babador, jockstraps à mostra ou sobreposições de tecido sobre as calças que faziam lembrar saias – Miuccia Prada em seu lado mais inventivo e controverso.

Página oposta: A Prada Men foi lançada em 1993, incluindo calçados e acessórios. Com o tempo, as coleções adquiriram a reputação de serem meticulosas em sua execução e desempenho.

O look monocromático lembra a estética minimalista inicial da marca, algo que a Prada dominou completamente com o tempo, como ninguém mais. De fato, essa estética se tornou parte da individualidade inerente da Prada Men. Vários tons de marinho, camel ou cinza podem ser usados com facilidade, dos pés à cabeça, refletindo um estilo de vida tão discreto que pode ser adaptado ao gosto de cada um. E, embora a moda viva se reinventando, há muitas formas clássicas e atemporais que continuam sendo amadas e usadas sempre, resistindo ao tempo. A Prada se estabeleceu como uma marca em que itens indispensáveis se tornaram um investimento do guarda-roupa, em especial as peças de alfaiataria e os casacos, que são a base das coleções masculinas. Ainda hoje, ela continua sendo uma marca altamente desejada e que desafia constantemente nossa ideia de luxo.

À esquerda: O uso de cores no mesmo tom é uma das muitas tendências preferidas pela linha masculina. Aqui, na coleção primavera/verão 2006, o modelo usa tons marrom e cinza em um terno clássico, que ganha um ar mais informal com um par de tênis prateado.

Página oposta: Um suéter verde chamativo de gola V, usado sobre camisa e gravata, constrói um look casual elegante.

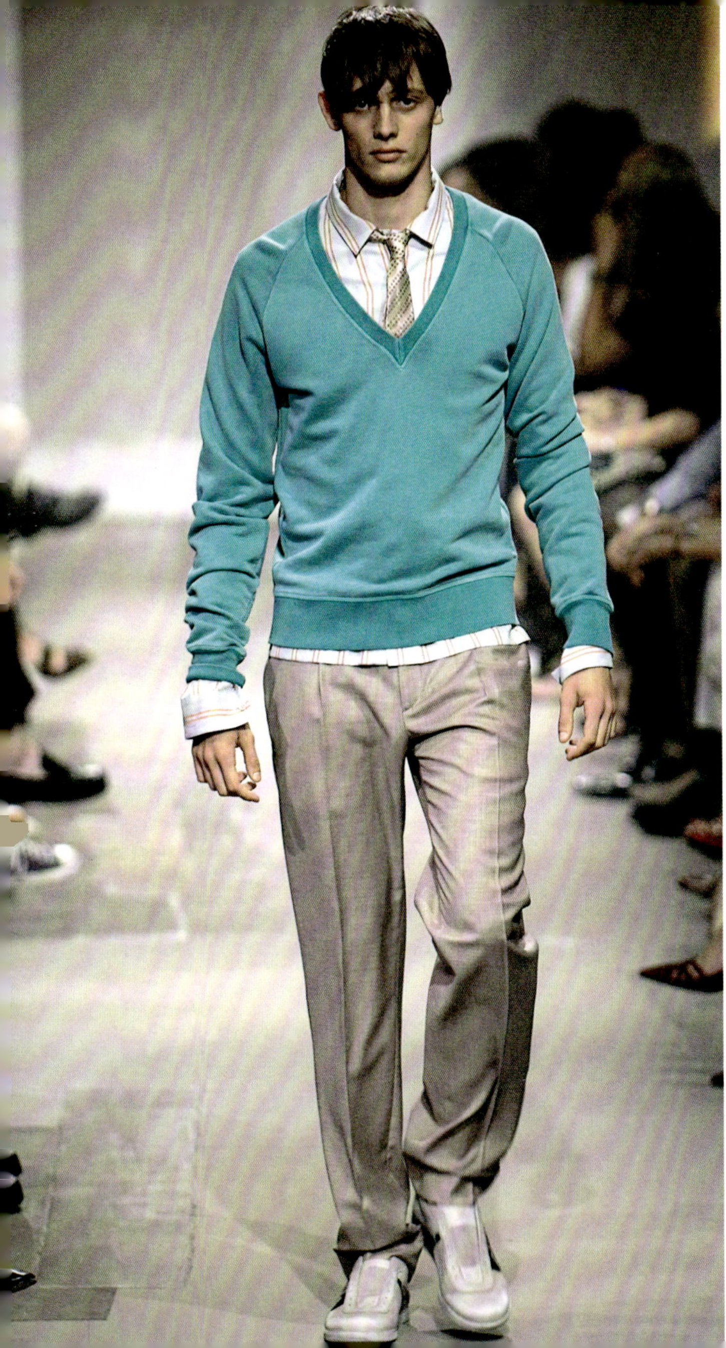

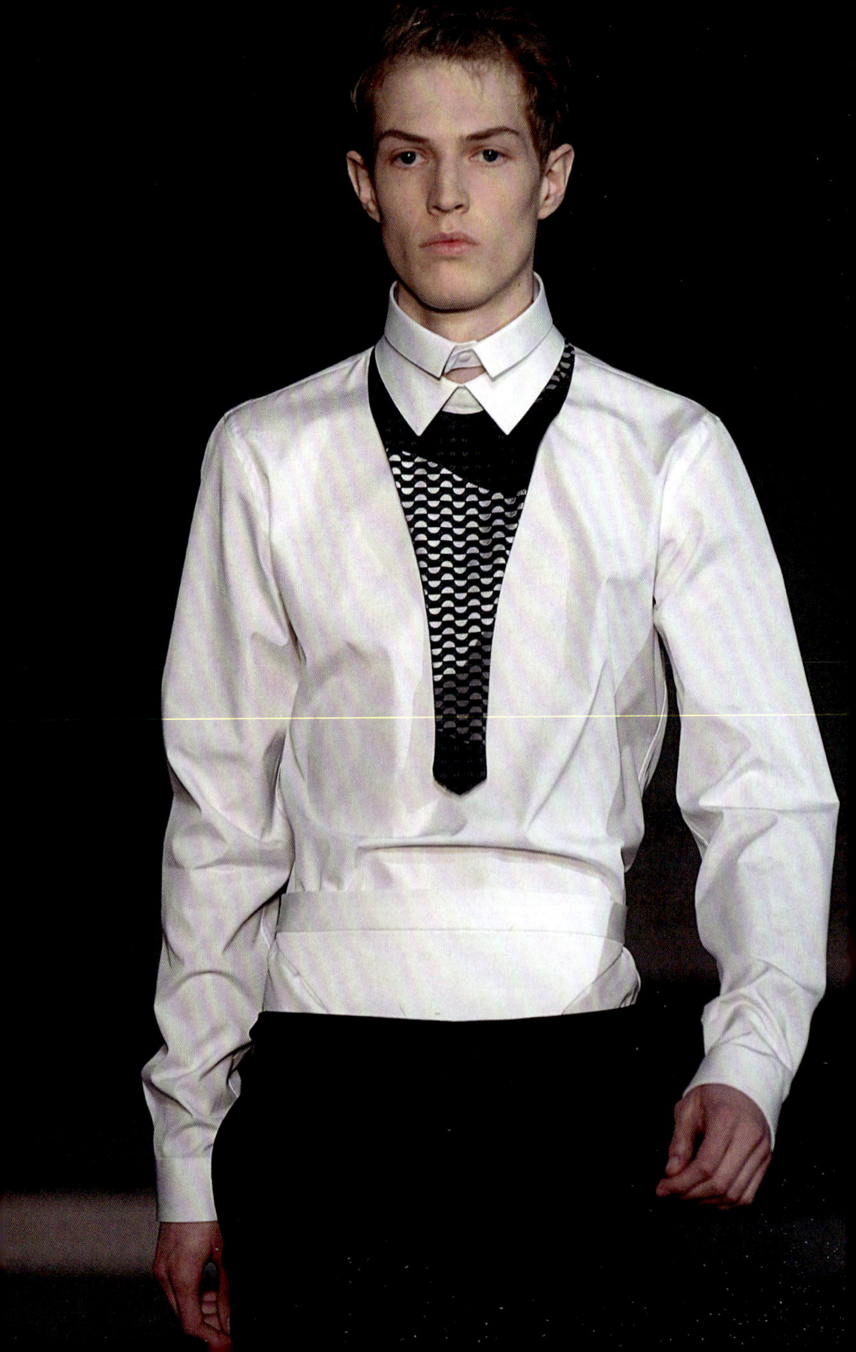

Página oposta: Uma coleção especialmente conceitual no outono/inverno 2008 voltou o olhar para a dualidade, incluindo camisas com colarinhos duplos e tops tipo babador, e fez referência aos jockstraps na parte de baixo das camisas.

À direita: Um casaco chamativo com quadrados em preto e dourado acrescenta charme a um look clássico de calça preta e gravata usado com camisa branca.

Página 86: O desfile da coleção outono/inverno 2003 trouxe predominantemente estampas estilo anos 1970. Aqui, uma gravata amarela, preta e branca contrasta com a camisa de padrão geométrico em branco, azul e marrom.

Página 87: A Prada expressa sua atenção ao detalhe por meio dos acessórios. Aqui, o terno é usado com um chapéu de feltro xadrez multicolorido e uma gravata contrastante.

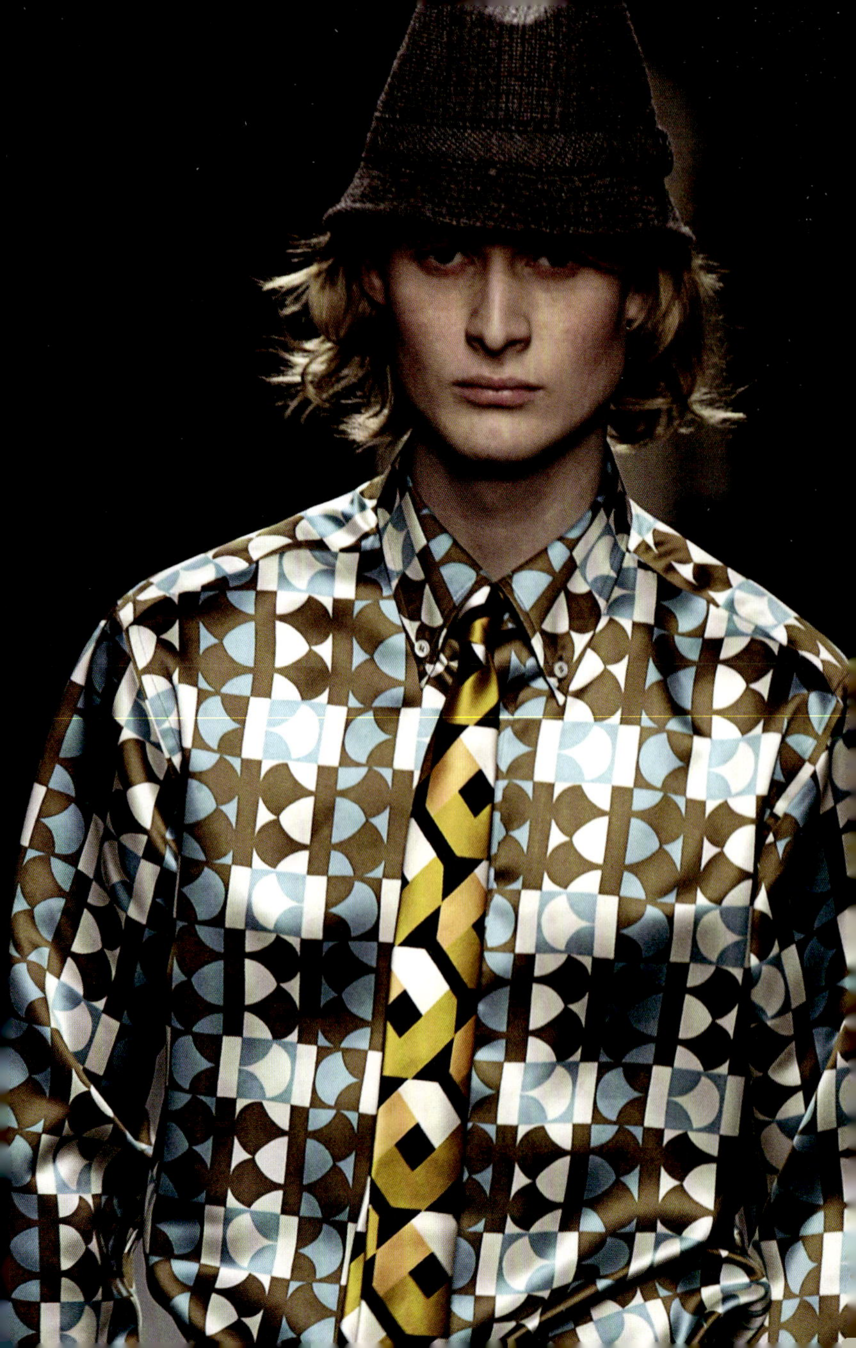

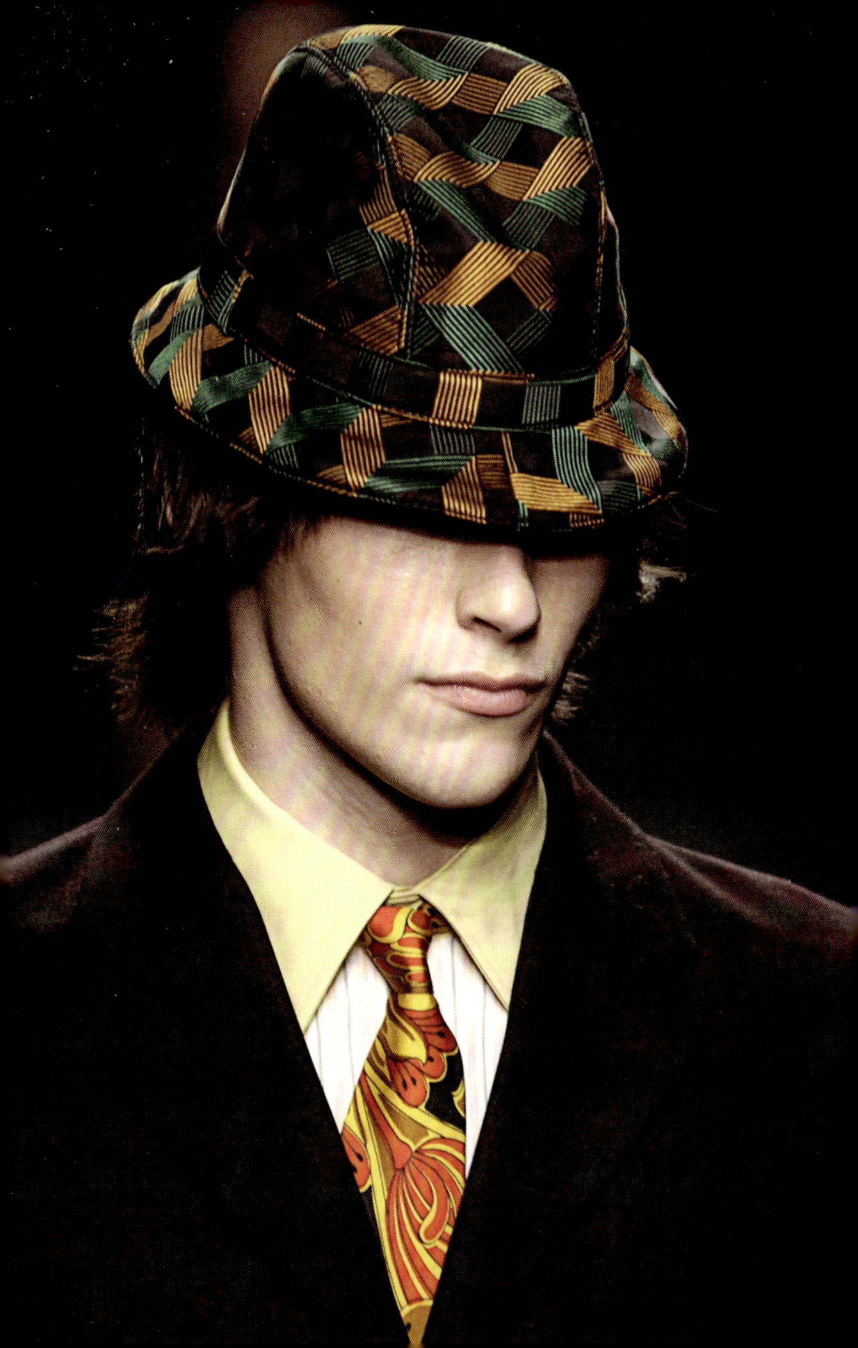

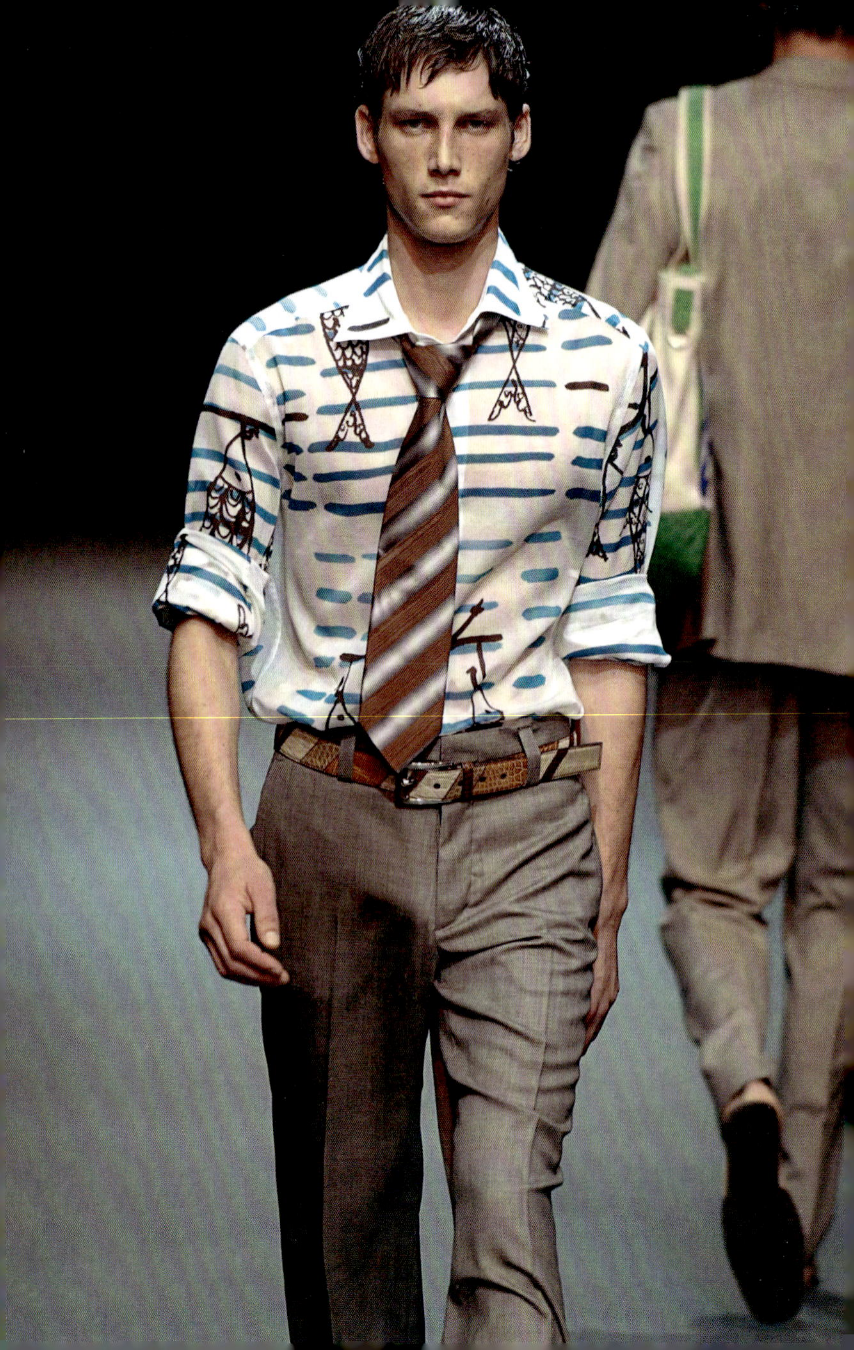

Página oposta: A originalidade é a chave deste look elegante/casual que traz uma camisa de verão com estampa de peixes combinada com calças de alfaiataria, cinto e gravata.

À direita: Da coleção primavera/verão 2005, esta camisa com estampa abstrata em laranja, marrom, branco, verde e amarelo é usada com calças de alfaiataria e tênis coloridos.

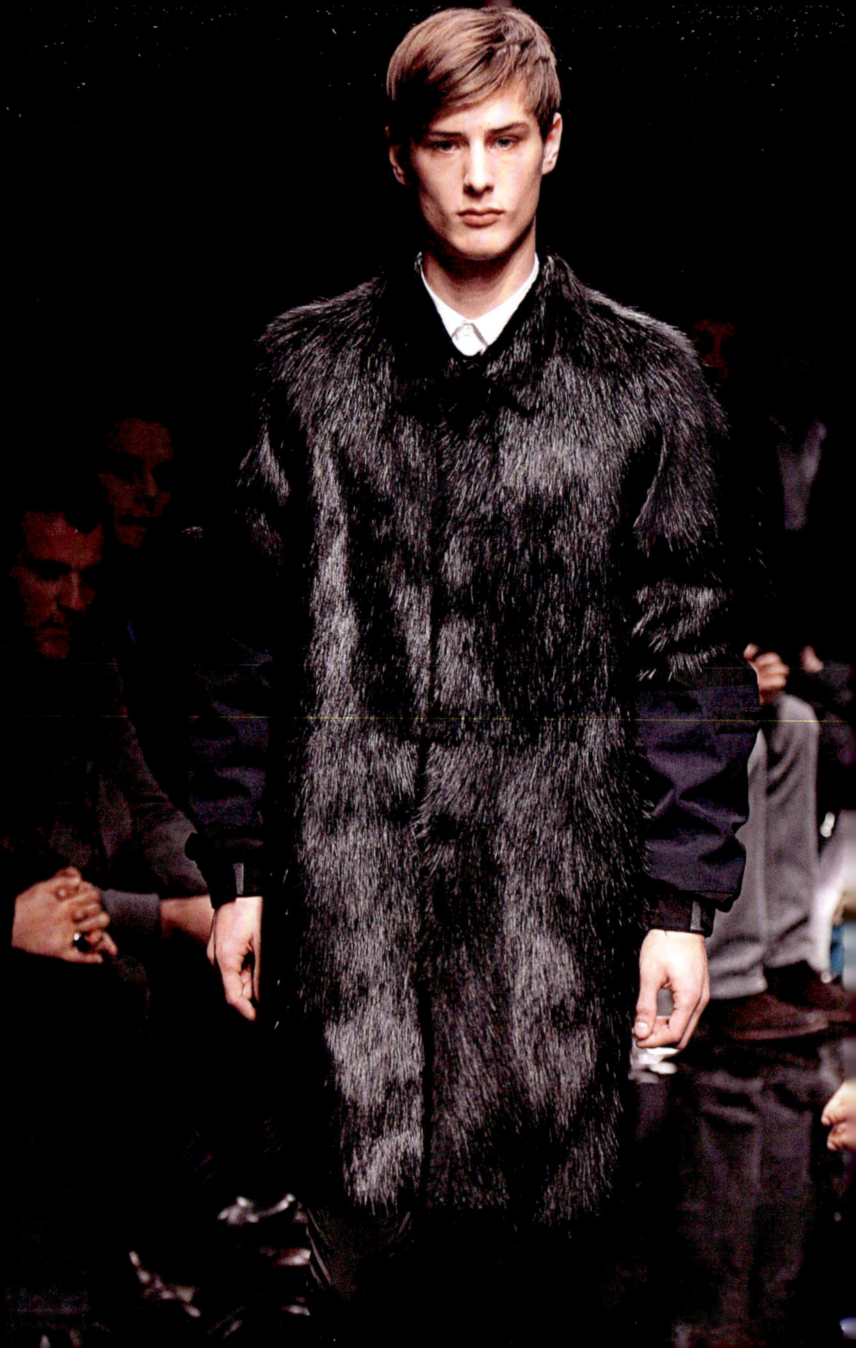

Página oposta: A coleção masculina outono/inverno 2007 da Prada explorou textura e cores em malhas e casacos. Aqui, vemos um casaco de pele preto chamativo usado sobre uma camisa branca impecável.

Acima: Capacetes cobertos com pele de texugo da coleção outono/inverno 2006 suavizam o desfile e acrescentam textura a uma coleção de ar clássico. Camisas de matelassê com acabamento em couro e malhas de caxemira nos ombros foram destaques da coleção.

Acessórios

Os acessórios também rompem com a ideia do que é considerado padrão, não só pelo design (a coleção primavera/verão 2011 trouxe sapatos de amarrar com um solado comprimido de três camadas: couro, alpargatas e tênis), mas também pela forma como são combinados com o resto do look. Ternos são usados com tênis prateados (primavera/verão 2006), e capacetes cobertos com pele (outono/inverno 2006) deram um tom de humor ao desfile, deixando o clima mais leve.

Os acessórios da linha masculina ainda mantêm o estilo característico da marca, com linhas confiantes, limpas e orgânicas, e se tornam os acessórios indispensáveis para a estação, misturando tons e texturas, tais como couro perfurado, pele de avestruz ou o encerado brilhante com acabamentos opacos. A ideia de elegância e sofisticação da marca é frequentemente combinada com detalhes esportivos, e o conforto é valorizado.

À direita: Acessórios são uma parte importante do estilo masculino da Prada. Ternos clássicos ganham um ar descontraído com óculos escuros e capacete coberto por pele.

Página oposta: A coleção primavera/verão 2012 foi repleta de referências ao golfe, dos sapatos aos bonés. Bolsas de nylon e pastas de couro deram acabamento aos looks.

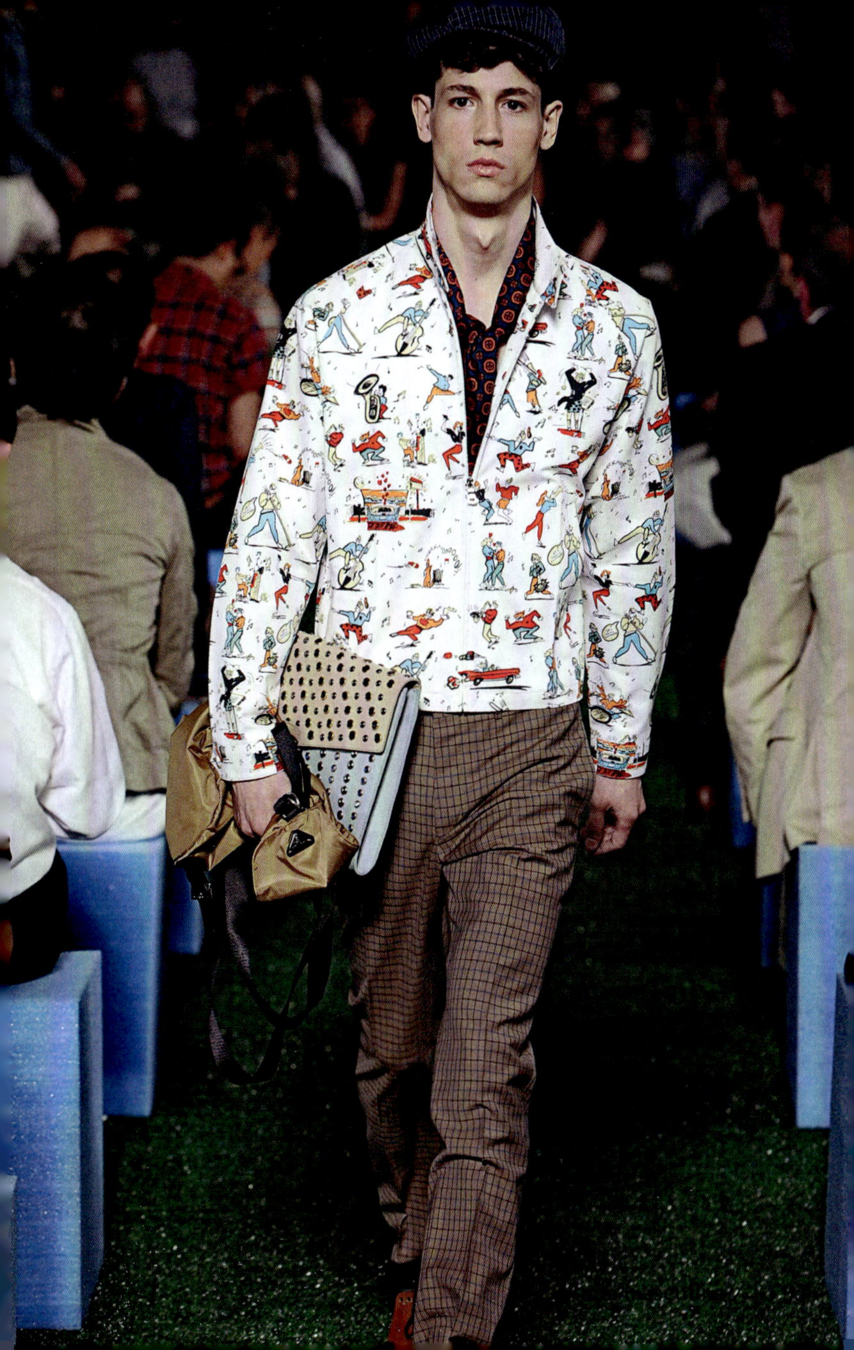

O homem da Prada

O espírito da coleção masculina da Prada ganha vida nos desfiles e nas campanhas. Assim como na linha feminina, os modelos masculinos são escolhidos pela Prada porque representam o espírito da época, e não necessariamente porque são os mais bonitos. Isso reforça a ideia de que a Prada não se limita à beleza frívola e acrescenta profundidade à história que quer contar.

Em muitos casos, os modelos são escolhidos no início de carreira, como se Miuccia tivesse um sexto sentido que permite descobrir o rosto do momento, e eles são lançados para a fama pouco depois. O mesmo se aplica à escolha brilhante que Miuccia faz de celebridades – entre elas Tim Roth, Joaquin Phoenix e Tobey Maguire – que representam a ideia de masculinidade moderna da Prada, tirando o foco da bravata ou da imagem de macho.

Página oposta, à esquerda: O blazer azul vibrante é usado aqui com uma camisa listrada em preto, vermelho e branco. O look se completa com óculos escuros esportivos, usados ao redor do pescoço.

Página oposta, à direita: Óculos de grau e escuros são um acessório fundamental no look da Prada desde seu lançamento, em 2000. Esses óculos com tiras acrescentam um elemento esportivo a uma roupa elegante.

Moda masculina

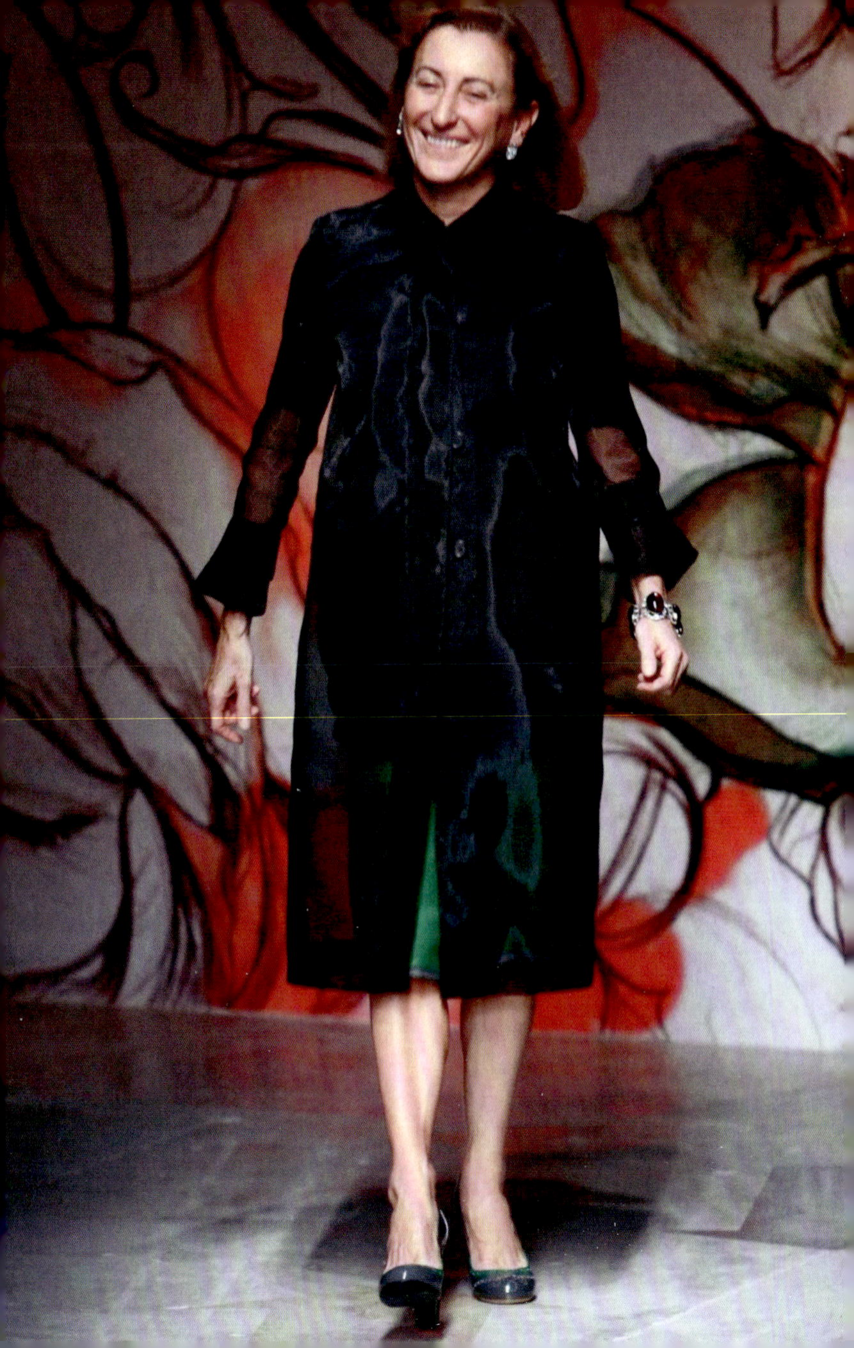

Coleções do novo milênio

Na entrada do novo milênio, a moda começou a recuperar referências do passado, e a primeira década do século XXI teve um retorno à feminilidade e à elegância das damas. A Prada foi uma autora importante dessa mudança na estética.

A internet alterou o ritmo com o qual o mundo se comunica, e a moda se tornou mais fluida e fugaz. Marcas de fast fashion estabeleceram-se no mercado com o conceito de "live collections", coleções passageiras, que podiam ser criadas, manufaturadas e vendidas em poucos dias. Para garantir sua posição no mercado, as marcas de luxo enfatizaram seus valores de tradição e qualidade. A Prada, seguindo um desejo irresistível de reinvenção, deu um passo além e criou uma imagem clássica e moderna em mudança constante que viria a se tornar sua base e encarnava uma identidade funcional e descomplicada.

Página oposta: Miuccia Prada, a mulher cuja visão e força criativa reinventaram a Casa Prada, cumprimenta o público depois de um desfile, em 2007.

As coleções femininas

Enquanto o mundo da moda era fortemente influenciado por roupas militares, pelo estilo grunge e um retorno ao vintage, e embora Miuccia Prada tivesse incorporado alguns desses elementos em suas roupas – ela é uma confessa amante do uniforme –, o foco em explorar e reinventar a fórmula feminina continuou, caracterizada por formas acinturadas sobre saias lápis ou evasê, saltos altos e a obrigatória bolsa estruturada da marca.

A coleção primavera/verão 2000 da Prada foi lançada com grande aplauso. Apresentando uma silhueta refinada e usando uma paleta de cores que incluía camel e branco com toques de lilás e amarelo, a coleção foi belamente complementada por acessórios como saltos altos e bolsas, mostrando toda a gama de produtos da companhia. Golas polo usadas com saias justas e combinações de cores quentes, junto com estampas de "lábios e batons", garantiam que a austeridade típica dessas peças também tivesse certa ousadia. A silhueta bem definida ressurgiria ao longo das temporadas seguintes, redefinindo também a elegância e mantendo o público da moda atento, perguntando-se qual seria a próxima reviravolta.

Quase uma década mais tarde, no desfile da coleção outono/inverno 2009, o mesmo formato voltou, dessa vez acompanhado de uma abordagem mais básica e um ar de austeridade que refletia tempos financeiros sombrios. Tweed, saias lápis e tecidos fabulosos se misturaram em uma fórmula vencedora que preenchia todos os requisitos à medida que a Prada retornava às origens na busca pela reinvenção contínua.

Página oposta, à esquerda: O cachecol de pele branco com manchas pretas, usado com um colete de pele, dá volume e textura ao look feminino.

À direita: Uma estola de pele, amarrada na frente, complementa o vestido estampado com cinto, usado com saltos peep toe, em um conjunto que evoca o estilo dos anos 1940.

Coleções do novo milênio

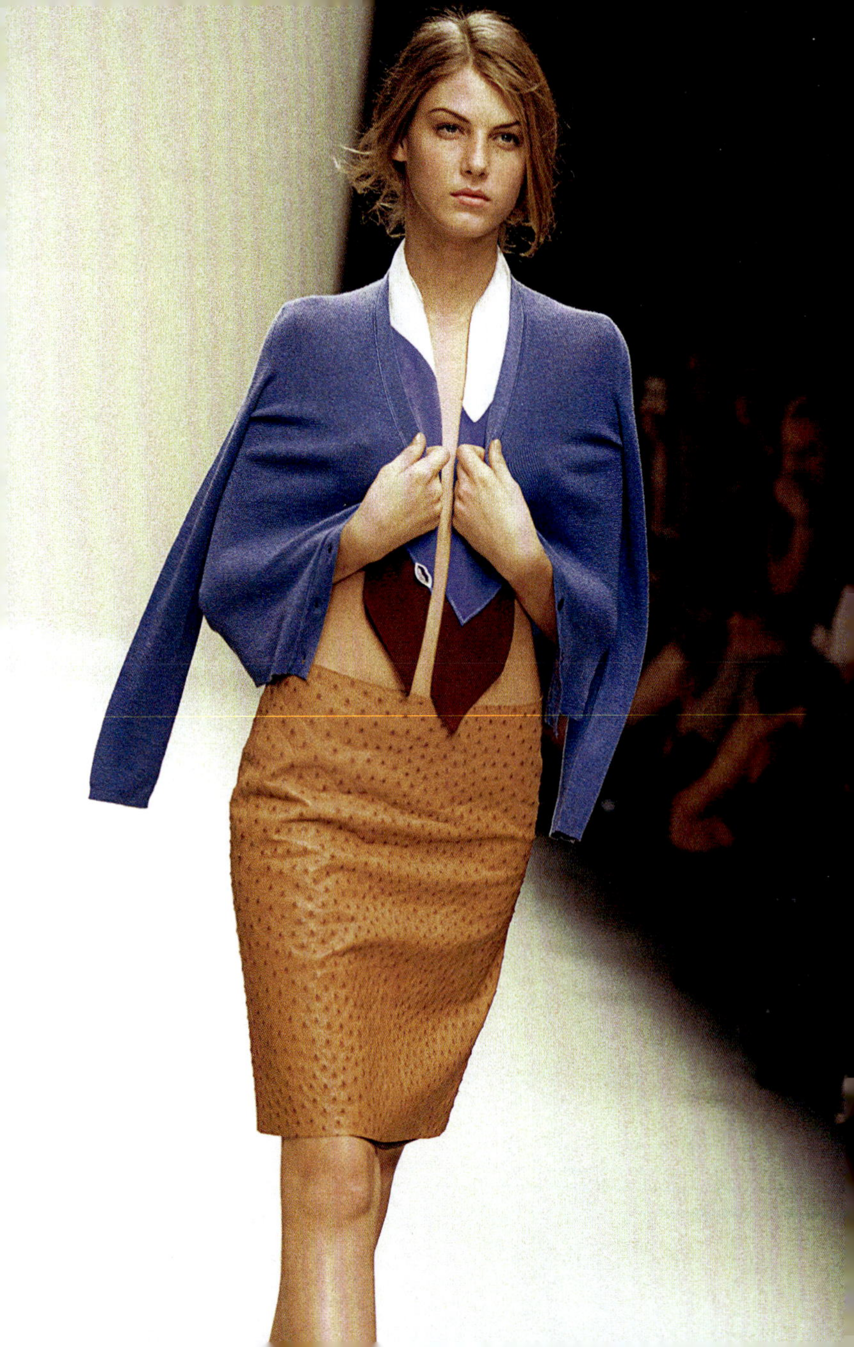

Página oposta: Esta saia lápis, combinada com um cardigã lilás e lenço, cria a silhueta feminina pela qual a Prada se tornou conhecida. A coleção primavera/verão 2000 transpirava esse tipo de estilo discreto, mínimo e polido.

À esquerda: Um suéter camel sobre a camisa amarela, usado com saia e cinto, foi a combinação perfeita da coleção primavera/verão 2000 para criar um look clássico feminino.

Coleções do novo milênio

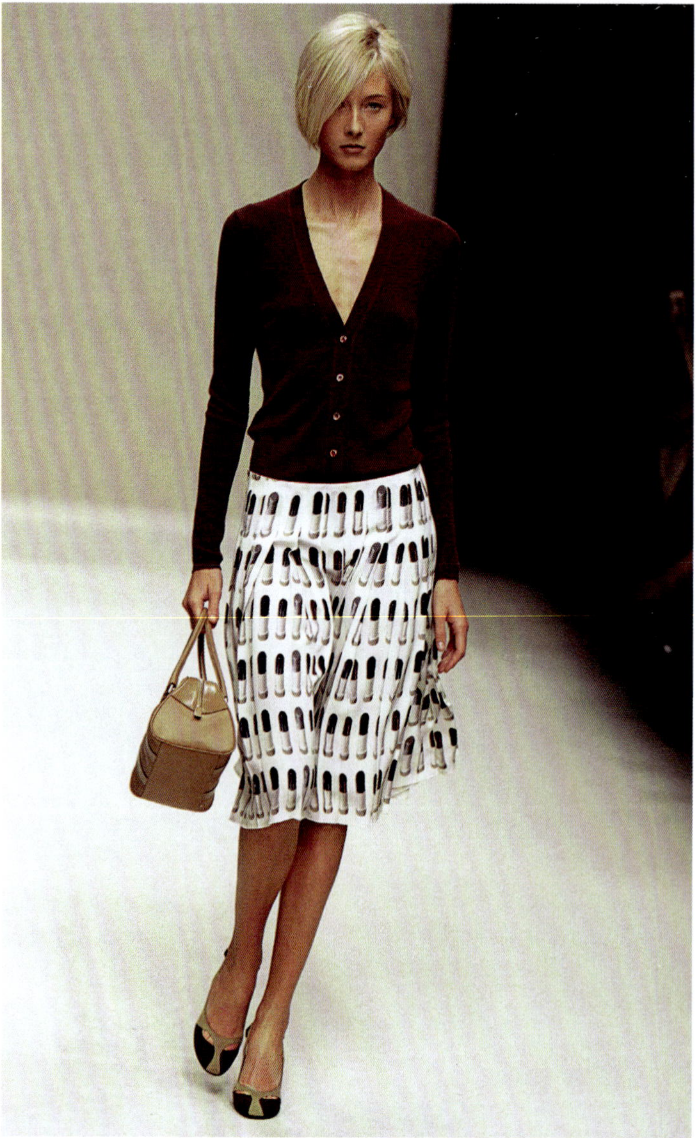

Página oposta: A icônica estampa de batom sobre o tecido desta saia esteve presente na campanha publicitária da coleção primavera/verão 2000. Aqui, a saia é usada com um cardigã justo e sapatos e bolsa combinando.

Acima e abaixo: Os sapatos da coleção primavera/verão 2000 trouxeram as icônicas estampas de lábios e corações, criando um look divertido e feminino.

Coleções do novo milênio

Coleções conceituais

Outro ingrediente-chave da antologia da Prada é o aspecto conceitual do trabalho, que reflete a paixão de Miuccia pelas ideias e sua capacidade de nos fazer questionar paradigmas. Esse aspecto explora formas interessantes e conceitos incomuns, como as roupas com transparência (outono/inverno 2002), frequentemente misturadas com referências históricas. Uma das mais ousadas demonstrações de expressão intelectual é a coleção outono/inverno 2004, um desfile único com a estética da Prada presente em todos os detalhes. Ancorada na elegância, ele combinou referências inspiradas em pinturas do século XIX do artista alemão Caspar David Friedrich com a estética dos videogames. Miuccia passou horas assistindo a videogames para capturar o clima do mundo virtual e traduzir com sucesso esse conceito em roupas usáveis: camisetas com apliques de robô combinadas com saias longas; casacos e saias feitos com tecidos com estampas geradas por computador; e bolsas clássicas com chaveiros em forma de robô feitos com componentes industriais. Mantendo a essência de sua elegância característica, o desfile juntou a alta cultura e a cultura popular em uma jornada por diferentes épocas.

À esquerda: Este sobretudo transparente com debrum preto marcou presença em 2002. A capa de chuva fica opaca quando molhada.

Página oposta: Para o desfile de outono/inverno 2004, a Prada apresentou uma coleção que combinava referências inspiradas pelo artista alemão do século XIX Caspar David Friedrich com a estética dos videogames. A saia lápis, a malha e o casaco aberto, com um cinto alto preso de lado e uma estampa incomum, mostram como o look alcança um visual elegante e original.

Páginas 106 e 107: A Prada introduziu um pouco de diversão no desfile de outono/inverno 2004, adicionando a suas bolsas e cintos clássicos os chaveiros em forma de robô feitos com componentes industriais. Esse foi um grande exemplo da união de passado e presente em uma coisa só.

Coleções do novo milênio

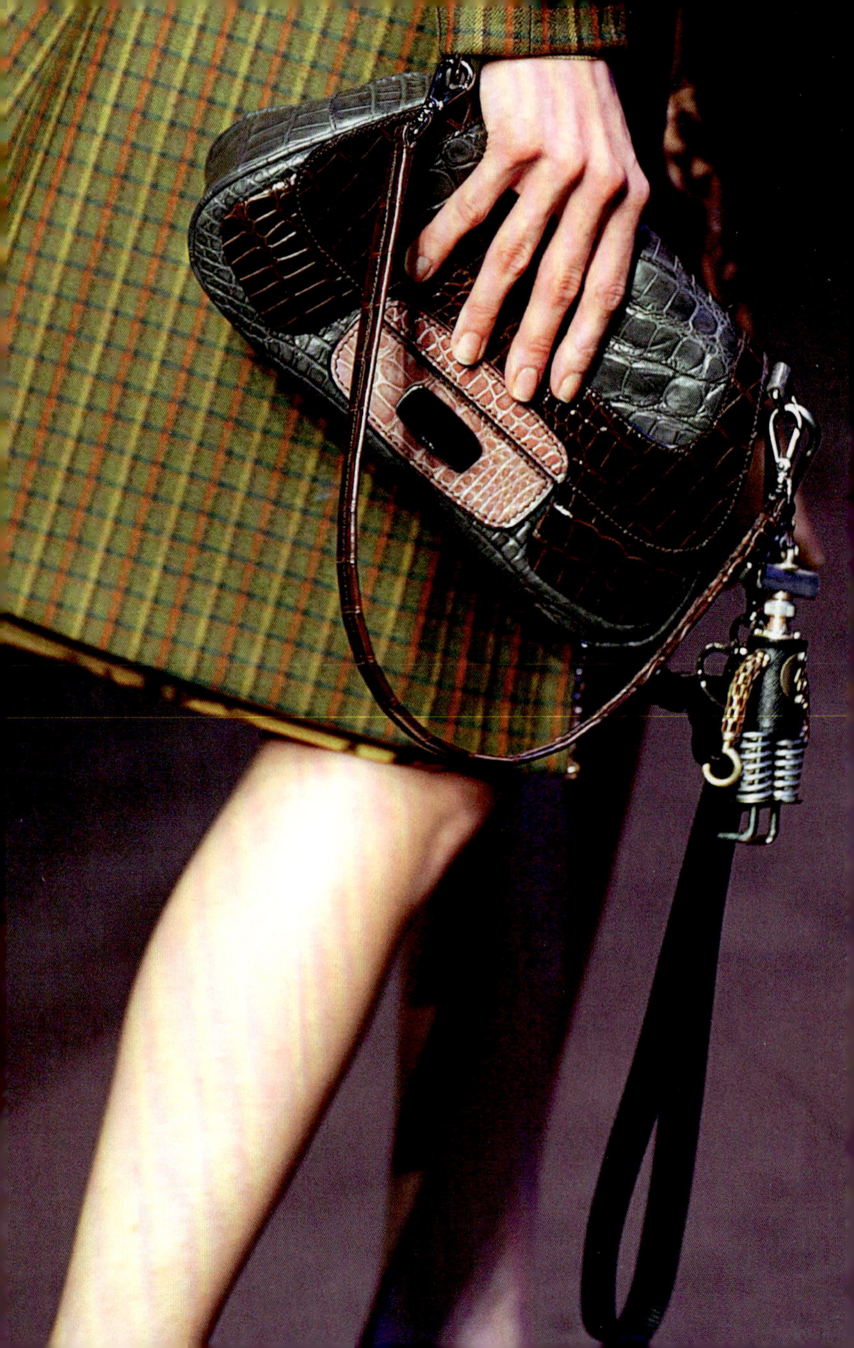

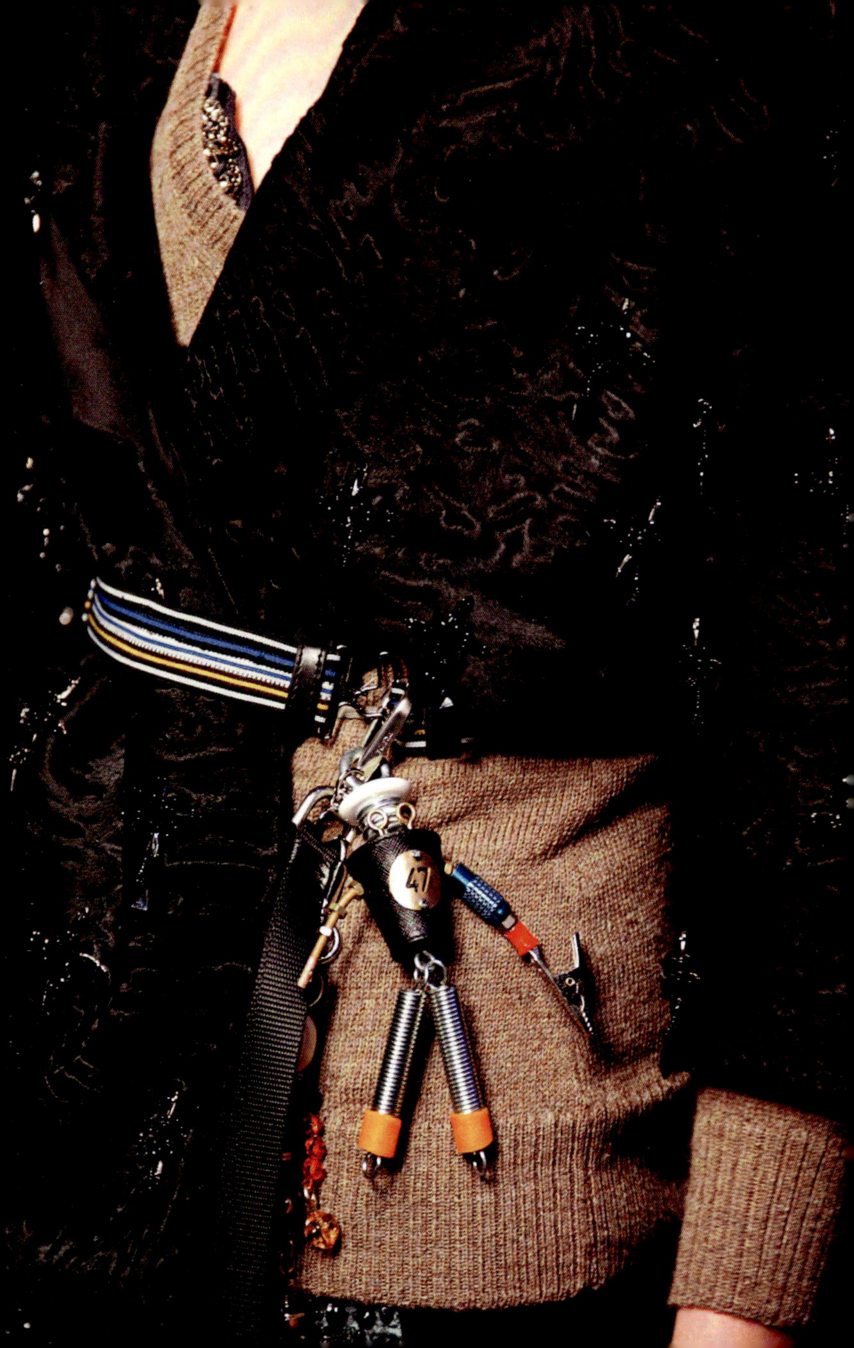
47

Explosão de cores

A busca da Prada pelo incomum fica aparente na experimentação com os esquemas de cores, que ao longo dos anos deixaram alguns surpresos – às vezes, pelas cores serem excessivamente apagadas, outras vezes, brilhantes demais, ou por combinar cores que teoricamente não ficam bem juntas. Mesmo quando as coleções são bastante monocromáticas, costumam ter traços inesperados de cor, ainda que sejam apenas nos acessórios. Uma coleção particularmente forte, a coleção primavera/verão 2003, incorporou cores vibrantes – verde-limão, laranja e rosa-choque – em uma demonstração contemporânea das formas e dos acessórios

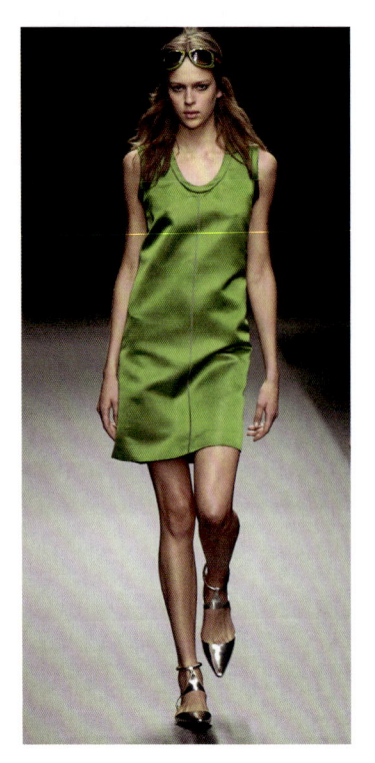

À esquerda: Este vestido verde sem mangas encarna toda a simplicidade das linhas criadas com maestria por Miuccia.

Página oposta, à esquerda: A coleção primavera/verão 2003 incorporou cores vibrantes, como esta saia laranja e blusa pink – usadas com óculos escuros para acrescentar um elemento esporte chique ao conjunto.

Página oposta, à direita: O desfile da coleção primavera/verão 2005 trouxe chapéus cloche, colares de correntes e contas e tecidos adornados. Esta camisa cinza lisa ganha destaque com um colar de contas amarelas, vermelhas e azuis texturizadas e apliques no bolso.

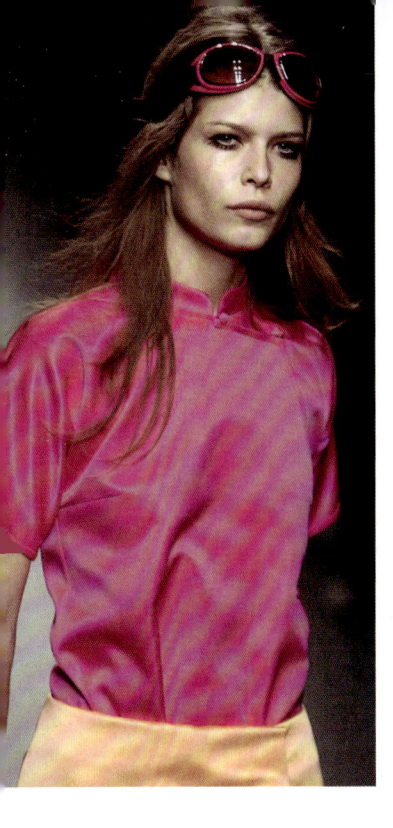

adorados da Prada dos anos 1960, com alguns elementos de esporte chique lançados na mistura e sandálias rasteiras na passarela. O desfile da coleção primavera/verão 2005 incorporou penas brilhantes nas saias e vestidos (veja também na página 40), além de chapéus cloche altos, colares de correntes ou contas e tecidos ornamentados. Vestidos curtos alegres, sapatos casuais e influências caribenhas foram reunidos ao som de uma trilha de reggae. Mais cores apareceram na coleção primavera/verão 2007, quando tons ricos de joias brilharam em um desfile feminino com formas de linhas sinuosas. Aqui, as modelos usaram vestidos acinturados em tons de vermelho, violeta, verde e azul, com turbantes coloridos contrastantes que lembravam as toucas da Era de Ouro de Hollywood, nos anos 1940.

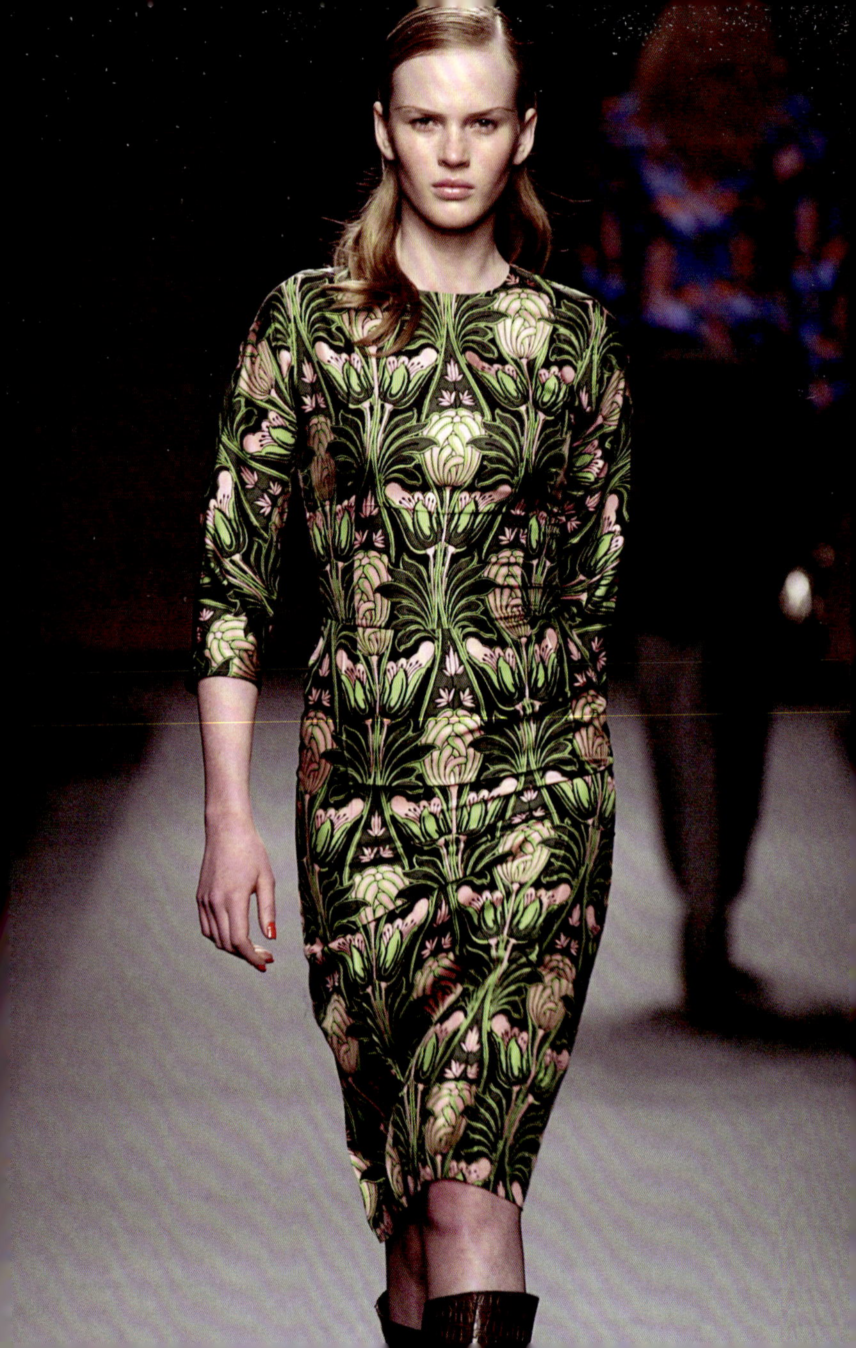

Estampas e padrões

O brilhantismo da Prada também se reflete na escolha de estampas e padrões por Miuccia, que às vezes inclui um quê de ironia – na coleção primavera/verão 1996, por exemplo, ela usou estampas retrô inspiradas nos anos 1970 (ver páginas 38-39). Outras coleções, como a de outono/inverno 2003, mostraram um gosto sublime, que incluiu estampas espetaculares de William Morris em um desfile de inverno que contou com acessórios como chapéus de feltro e luvas.

Alguns dos trabalhos mais comentados até agora foram os de 2008. No desfile da coleção primavera/verão, Miuccia colaborou com o ilustrador James Jean para produzir uma estampa que integrava elementos de graphic novel com noções surreais e românticas, bem como elementos de ficção científica. Sempre evoluindo, embora fiel a seu estilo essencial, o resultado foi uma coleção de "conto de fadas", em que sedas delicadas se mesclavam com influências ousadas de Art Nouveau. A estampa foi usada como mural no cenário e foi um elemento proeminente na campanha publicitária da temporada; ela também se tornou um dos muitos papéis de parede exibidos no Prada Epicenter. Mais tarde, Jean e a Prada colaboraram em um curta de animação intitulado *Trembled Blossoms*, que foi exibido na Epicenter de Nova York durante a Semana de Moda.

Página oposta: A coleção outono/inverno de 2003 incluiu este vestido verde impactante com estampa de William Morris.

À esquerda: O contraste de estampas é alcançado com beleza neste conjunto da coleção outono/inverno 2003. Aqui, um padrão clássico de xadrez argyle em verde, cinza e preto é usado com uma camisa de mangas curtas inspirada nos anos 1970.

Logo a popularidade da Prada atingiu um auge sem precedentes, e, fora da passarela, a marca passou a significar muito mais do que moda. Na verdade, ela tinha se embrenhado na cultura popular corrente. No ano 1998, foi lançada a icônica série de TV *Sex and the City* (1998-2004), protagonizada por quatro amigas nova-iorquinas amantes de moda. A personagem principal, Carrie Bradshaw (interpretada por Sarah Jessica Parker), estava frequentemente vestida com roupas da Prada ou era vista com uma sacola de compras da marca. Em 2008, o filme *Sex and the City* foi lançado, seguido por uma continuação em 2010. Outro grande sucesso do cinema aclamado por fashionistas do mundo todo foi *O diabo veste Prada* (2006), uma comédia romântica com Meryl Streep no elenco e adaptada do romance de Lauren Weisberger, que reforçou a marca como um nome familiar. As roupas da marca foram usadas em grande parte do filme, e estima-se que mais de 40% dos sapatos calçados por Streep no filme sejam da Prada.

No setor da música, artistas urbanos não só passaram a usar roupas Prada – especialmente astros do rap e hip-hop – como também começaram a ostentar a marca em suas letras como forma de demonstrar sucesso e status. Entre eles estavam Jay-Z ("Girl's Best Friend", 1999), Hip Hop Dub Allstars ("I Just Wanna Love You [Give It 2 Me]", 2000), Enur ("Ucci Ucci", 2008) e Fergie ("Labels or Love", 2008).

Página oposta: Para o desfile da coleção primavera/verão 2008, a Prada convidou o ilustrador James Jean para produzir uma estampa para a coleção. Aqui, um vestido de seda verde é usado com meias contrastantes em preto e amarelo e sapatos estilo Art Nouveau.

Página 114: Este top de seda verde-limão etéreo, com calças combinando, dá à modelo uma aparência quase de fada ao desfilar pela passarela. Um decote em onda aumenta a sensação de fluidez da roupa.

Página 115: O ilustrador James Jean produziu um mural para o cenário de um desfile e um papel de parede que foi exibido nas lojas Prada Epicenter. Jean também criou um curta de animação de quatro minutos chamado *Trembled Blossoms*, exibido na Epicenter de Nova York. Uma instalação posterior, com a mesma protagonista com aparência de ninfa, *Trembled Blossoms Issue 02*, foi exibida na Epicenter de Tóquio. A estampa foi usada em bolsas, sapatos e embalagens.

Coleções do novo milênio

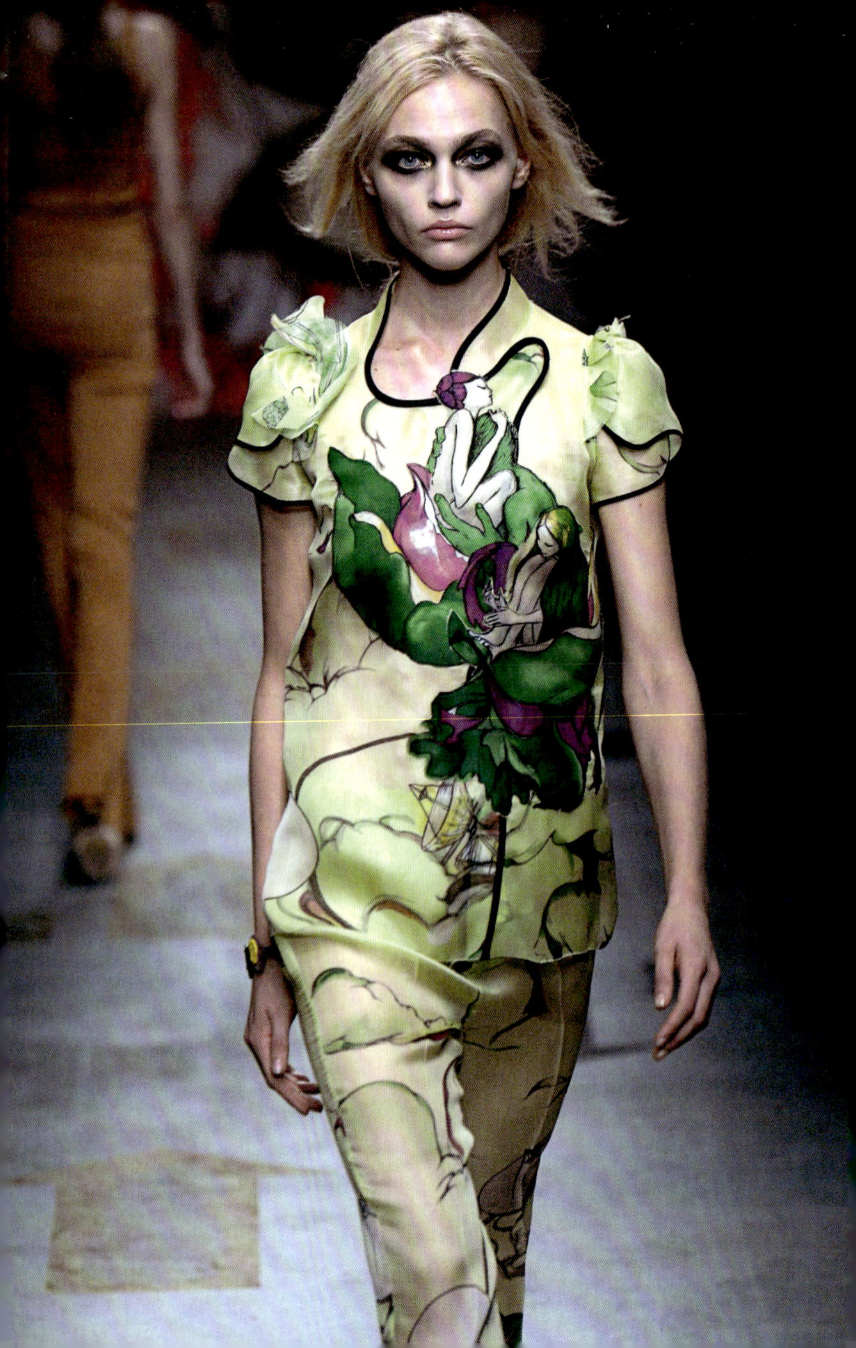

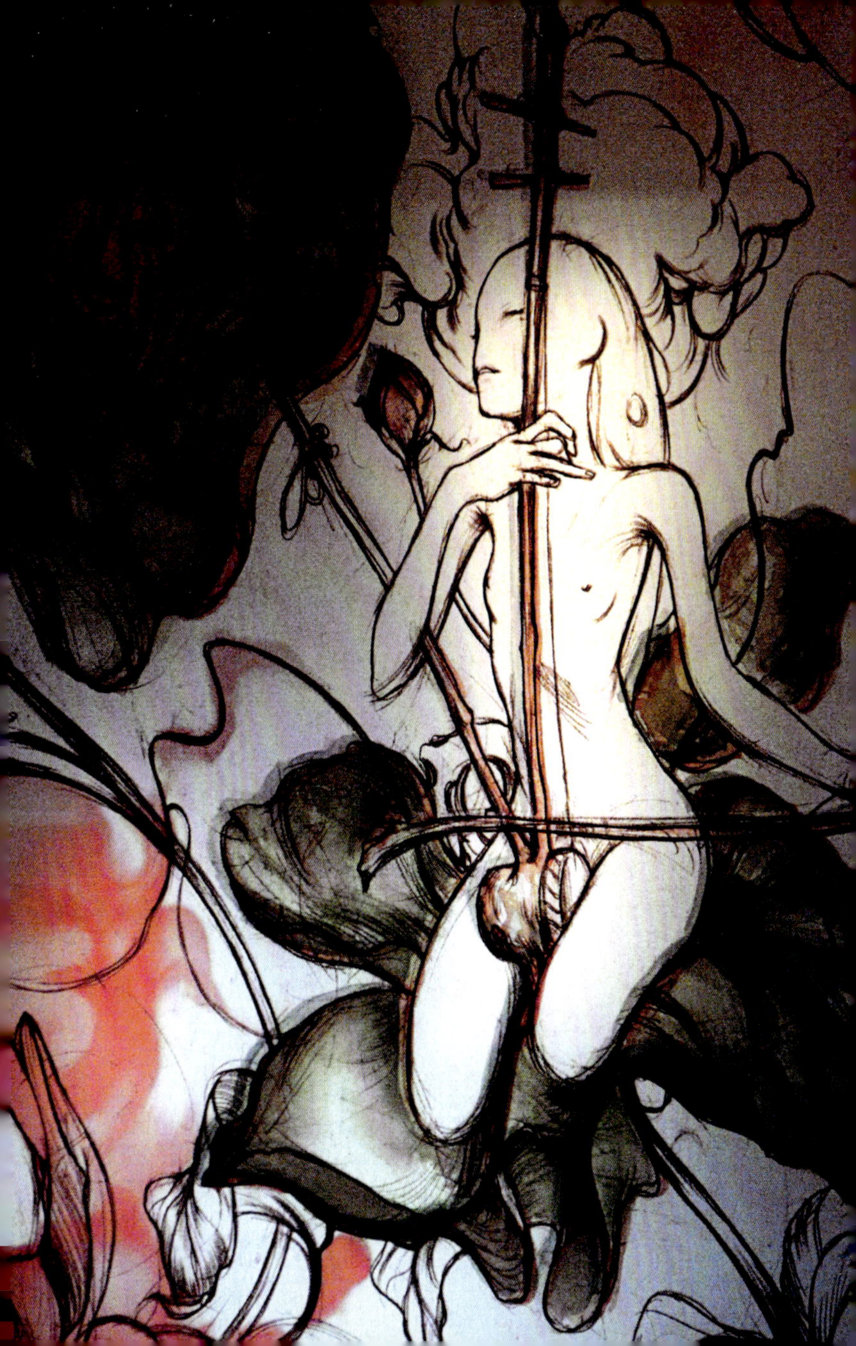

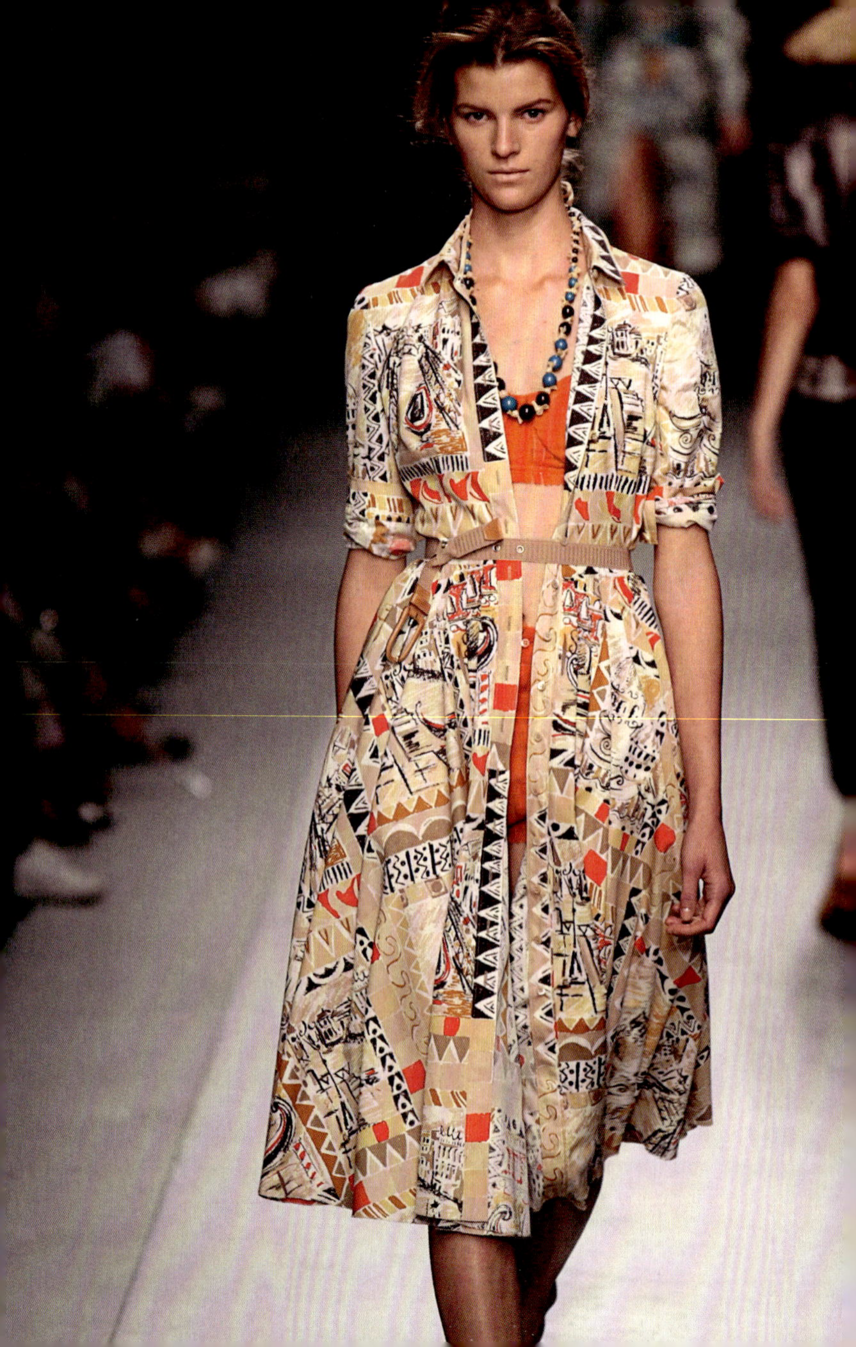

Página oposta: O desfile da coleção primavera/verão 2004 enfatizou o artesanato tradicional, com técnicas como dip-dye e tie-dye. A estampa deste vestido, usado aberto e preso com um cinto, tem influências tribais.

Acima: Um vestido marrom de tie-dye é complementado por um cinto preto que define a silhueta e um lenço de pescoço com estampa colorida.

Acima, à esquerda: Este vestido tomara-que-caia de tirar o fôlego, em tons degradê de cinza, creme e verde-oliva, é drapeado para criar textura e forma.

Coleções do novo milênio

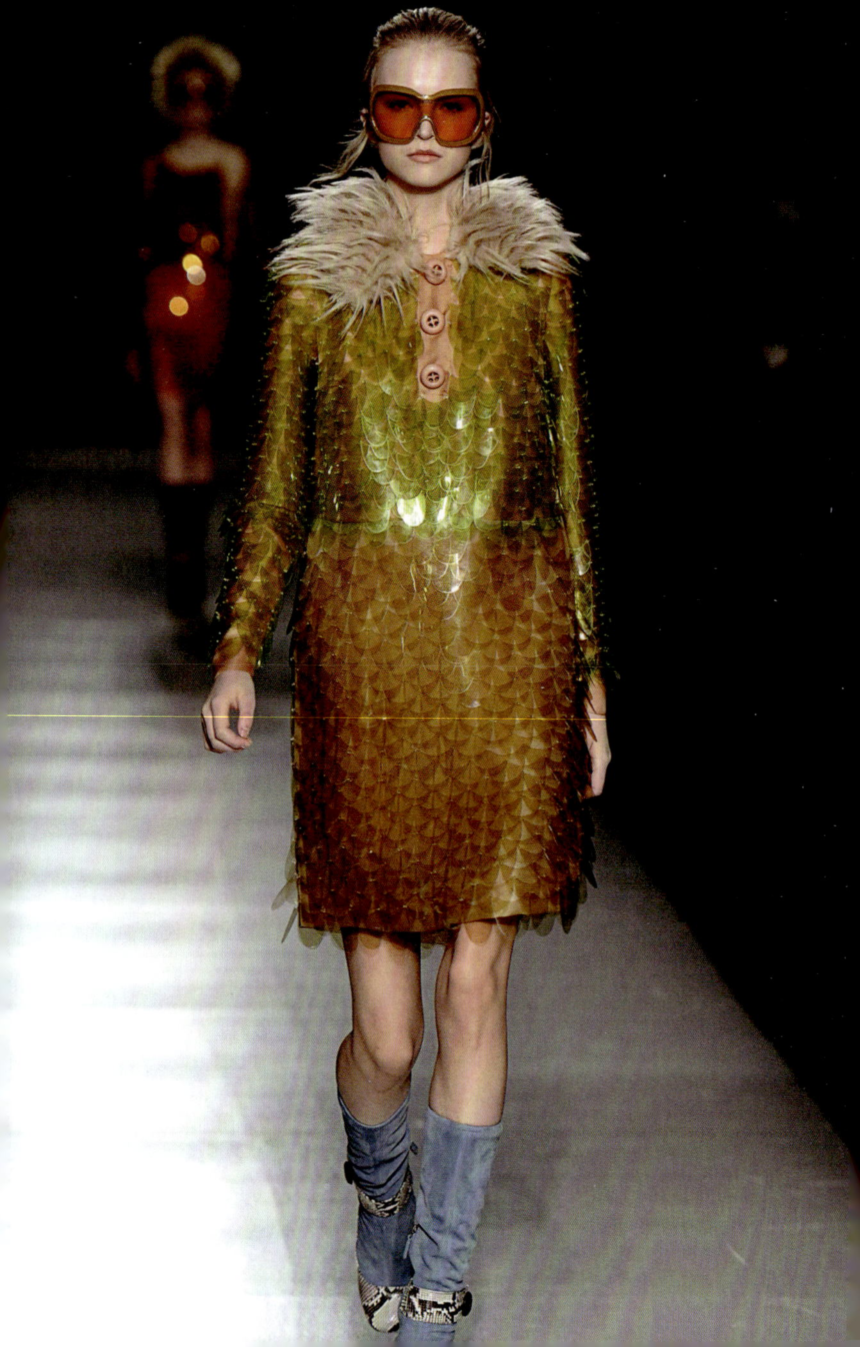

Uma nova década

As coleções da Prada exibidas desde 2010 trouxeram uma nova energia e ousadia que talvez só sejam possíveis com a experiência. Mantendo seu estilo característico do início ao fim, os desfiles brilharam ainda mais, o que atraiu a atenção de um público global como nunca antes. Esse sucesso, por sua vez, tornou-se uma força nova e poderosa tão influente que as tendências que lança, de roupas mais femininas a estampas ou peles falsas, chegam instantaneamente ao topo das paradas da moda. Parece até que Miuccia Prada tem uma bola de cristal que diz exatamente o que as pessoas querem e quando.

"Estou sempre pesquisando novas ideias sobre beleza e feminilidade e a forma como são percebidas na cultura contemporânea."

Miuccia Prada

Página oposta: Paetês grandes que parecem escamas de peixe brilharam no desfile de outono/inverno 2011. Grandes óculos escuros laranja e botas de couro de cobra e camurça que parecem sapatos usados com meia acrescentam glamour ao look.

Página 120: Uma silhueta inspirada nos anos 1950 roubou a cena no desfile de outono/inverno 2010. A roupa contrasta duas estampas diferentes e é complementada por luvas, bolsa e sapatos com laço que acentuam a feminilidade da coleção.

Página 121: O franzido no decote deste vestido vermelho acrescenta volume e reforça a silhueta em forma de ampulheta feminina. Meias longas e sapatos vermelhos combinando e bolsa de tricô dão o toque final perfeito.

As mulheres de *Mad Men*

No outono/inverno 2010, tivemos o retorno de uma feminilidade gloriosa reminiscente das primeiras coleções da Prada do início do século. Dessa vez, contudo, o estilo feminino foi intensificado por uma silhueta levemente redefinida, que era mais curva e enfatizava o busto tanto quanto a cintura. O novo look também incluía estampas grandes e impactantes, com um ar retrô em surpreendentes tons marrom-claro, azul e vermelho. Babados e franzidos acrescentavam volume à área do busto, e havia alguns toques quase fetichistas, como a combinação de borracha com tricô ou saltos com dedos aparecendo cobertos por meias generosamente grossas. Os cabelos eram usados em coques dramáticos com uma faixa de crochê, expondo um rosto limpo com pouca maquiagem e acessórios que acentuavam o tema feminino – luvas, cintos finos com detalhes de laços, bolsas pequenas ou médias, saltos altos (pontudos, redondos, com tiras) e óculos de gatinhos que poderiam facilmente pertencer a uma secretária sexy e excêntrica dos anos 1950. Foi uma coleção impactante que refletiu a popular série de TV da época *Mad Men* (2007-2015), com suas curvas femininas e estilo anos 1950. Pensada sobretudo para a mulher real, ela trouxe um ar divertido de beleza sedutora.

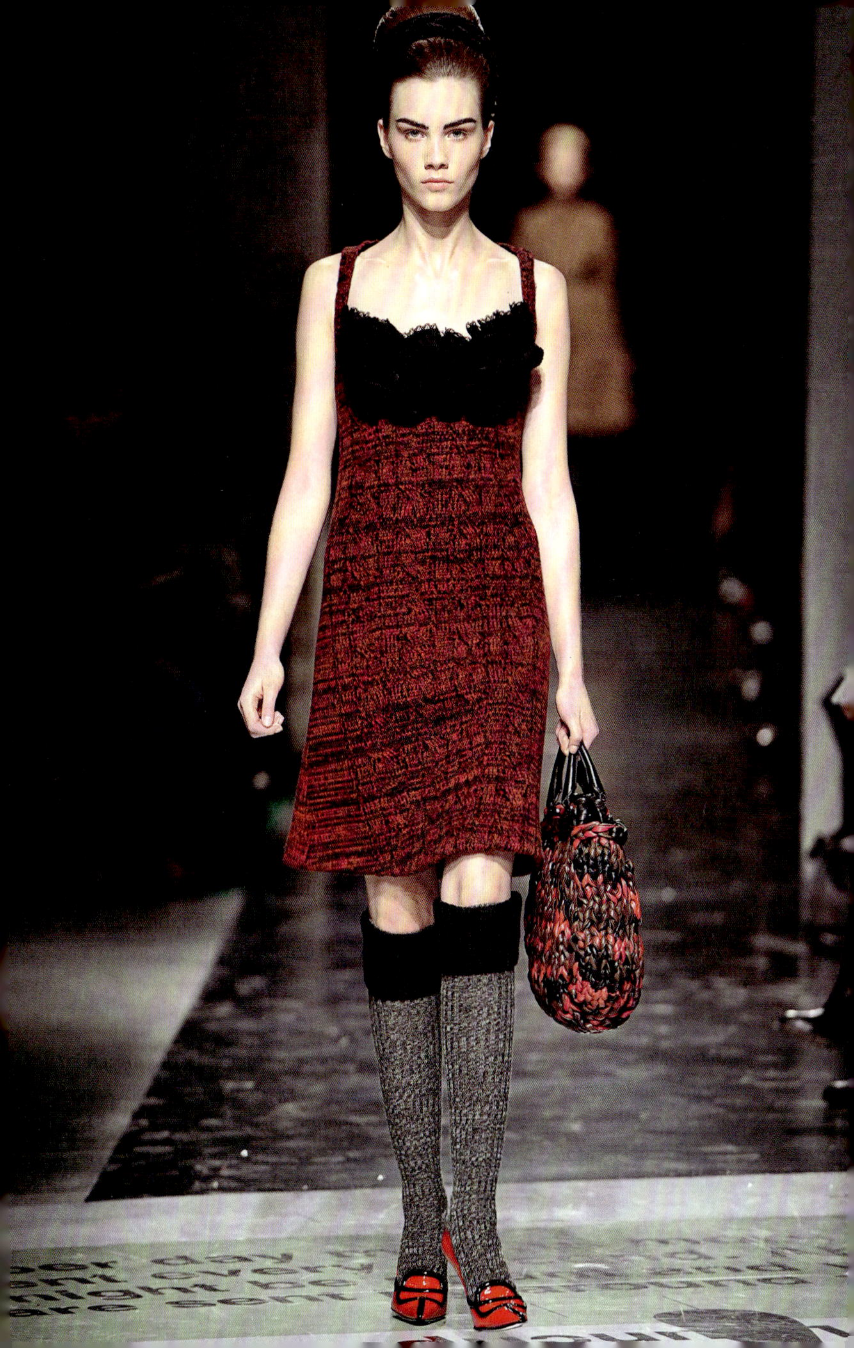

Banana Ouro, Banana Prada

O desfile seguinte, da coleção primavera/verão 2011, teve tamanho impacto no mundo todo e foi tão influente que pode ser considerado em grande extensão como responsável por algumas das principais tendências daquela temporada: estampas chamativas, cores vívidas e colour blocking. Linhas simples em terninhos acima dos joelhos, peças separadas e vestidos permitiram uma explosão de cor ímpar. A maquiagem das modelos contava com sombra prateada e cabelos ondulados com gel estilo anos 1920.

Vestidos lisos em laranja brilhante, azul elétrico e verde-esmeralda abriram o desfile com uma energia vibrante que também esteve presente em uma série de roupas listradas. Essas listras eram vistas em chapéus grandes, bolsas, saias, tops, estolas, vestidos e casacos – às vezes sozinhas, às vezes como parte de uma estampa ou design maior e mais elaborado. Os acessórios foram inesquecíveis, com uma mensagem em alto e bom som, dos grandes chapéus de filme aos sapatos plataforma com bordados intrincados e óculos escuros com detalhes em espiral, que foram apropriadamente chamados de "barroco minimalista".

Havia ainda um toque de humor em toda a coleção, talvez mais bem exemplificado pelo uso da "estampa de banana" de Miuccia (bananas verdes ou amarelas em um fundo escuro), que acrescentou um ar de descontração tropical e extravagância ao desfile – uma piada que muitos compartilharam, incluindo a editora-chefe da *Vogue*, Anna Wintour, que foi vista usando a estampa em pelo menos três versões diferentes. Até brincos de banana foram adicionados à coleção antes que ela chegasse às lojas, depois que Miuccia foi vista usando um par deles no dia do desfile, causando burburinho.

Parte de cima da página: Com cabelos presos e franjas onduladas, tamancos com solados de alpargatas listrados nos pés, desfilando ao som de uma música que mistura tango e flamenco, as modelos do desfile da coleção primavera/verão 2011 evocavam uma vibe latino-americana. Para completar, imagens de macacos e bananas foram usadas em saias de rumba, com babado e estampa barroca, e em camisas de boliche.

Parte de baixo da página: Miuccia Prada, a estilista que tornou o nylon preto chique, cumprimenta o público usando um par de brincos de banana.

Página oposta: É impossível ignorar a influência da dançarina, cantora e atriz norte-americana Josephine Baker. Esta litografia de Paul Colin, de 1927, mostra Baker apresentando a "Danse Sauvage" no Folies Bergères, usando uma saia feita de bananas de mentira. A icônica performance de Baker, sua voz e figurino garantiram-lhe enorme sucesso, e, em 1963, ela era uma das artistas mais bem pagas do mundo.

Uma nova década

Uma nova década

Página oposta: Este vestido, listrado em preto, branco e azul, abriu caminho para a descombinação de cores e o choque de estampas que veio após aquela temporada.

Acima, à esquerda: Sapatos plataforma ganham outra leitura com as solas de três camadas feitas de couro, alpargata e borracha. Uma bolsa compacta completa o look.

Acima, à direita: Uma sandália anabela ganha mais altura com a fusão de vários solados. Aqui, a sola de borracha azul combina com a bolsa clássica da Prada.

Página 126, à esquerda: Este vestido com cintura baixa é fortemente influenciado pelos vestidos dos anos 1920. O design geométrico lembra o vestido color block Mondrian de Yves Saint Laurent, de 1965.

Página 126, à direita: Paetês perolados têm um efeito brilhante que lembra escamas de peixes. As modelos seguravam firme suas bolsas nesse desfile, o que se tornou um assunto bastante falado.

Página 127: Um casaco com cinto se torna uma peça extraordinária com estética de ave com a adição do painel frontal de paetês dourados e acabamento de pele nas mangas.

No outono/inverno 2011, o clima permaneceu divertido, porém mais sedutor, com uma injeção extra de glamour em uma coleção instigante, inspirada nas formas curtas dos anos 1960, cinturas baixas dos anos 1920 e botas na altura dos joelhos com salto curvo.

As modelos pareciam jovens e inocentes. Segurando firmemente suas bolsas, usavam pouca maquiagem, com blush tanto nas maçãs do rosto quanto nas pálpebras. Em contraste, couro de répteis figurava em casacos, bolsas, sapatos e botas, alguns dos quais especialmente ousados – sobretudo as botas de duas cores que pareciam meias longas com sapatos boneca. Paetês grandes de resina que lembram escamas de peixe brilhavam nos vestidos, adicionando uma sensação aquática. Também se explorou o uso de peles e peles artificiais, especialmente em casacos – que se tornaram uma grande tendência no desfile de outono/inverno 2011. Acessórios deram um toque final sublime a uma imagem futurista, com óculos que pareciam equipamento de proteção e gorros que lembravam toucas de natação ou aviação com tiras sob o queixo, em tecido python, lã e pele. Combinadas, essas influências improváveis geraram uma imagem hipnotizante de rara beleza e também deram o tom para inúmeras novas tendências, incluindo sobretudos com textura, formas dos anos 1960 e brilho.

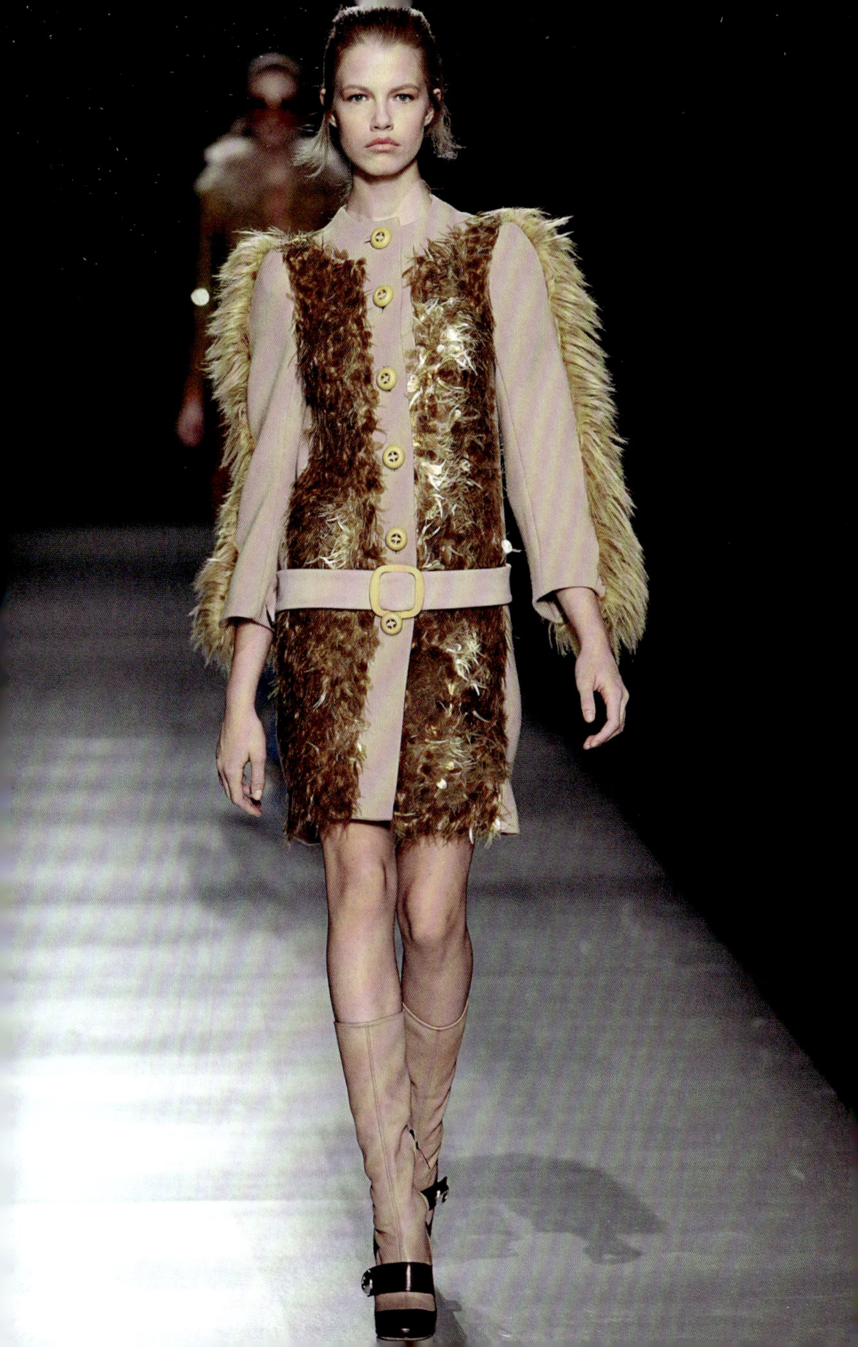

Mulheres e motores

O desfile de primavera/verão 2012 exibiu uma coleção cativante, inspirada nos anos 1950, intitulada "Mulheres e motores", com cores pastel e referências a automóveis em acessórios, peças de roupa e estampas. Mais uma vez, um novo conjunto de elementos contraditórios foi combinado para compor um look feminino característico da Prada, retratando com sucesso um estilo retrô burguês com um traço vintage. A passarela foi transformada para parecer um estacionamento ou garagem, com manchas de tinta rosa no chão, que sugeriam uma pintura em spray recente. Carros com estética de cartum feitos de espuma foram usados como sofás. As modelos surgiram usando maquiagem natural, com batom rosa-claro e os cabelos repartidos do lado, com ondas suaves e comportadas.

A paleta de cores foi encantadoramente clean e suave, e incluiu tons pastel como rosa, amarelo e azul-claro, bem como tons de turquesa, verde-garrafa, vermelho profundo e rosa-chiclete. Foi uma coleção composta de vestidos (muitos em chiffon fluido), saias (prissadas e lápis), blusas soltas e tops tomara-que-caia de algodão, além de casacos estruturados e ornamentados e glamourosos trajes de banho de cetim, com cortes e formas que valorizam a silhueta de ampulheta.

No entanto, foram os acessórios que roubaram a cena. Brincos, braceletes e colares inspirados no estilo vintage, com decoração de rosas que lembra heranças passadas por gerações – essa coleção inspirou a Prada a lançar sua primeira coleção de joias em 2012. Em um look que seria clássico, algumas das bolsas eram adornadas com tachas, enquanto outras traziam imagens de carros. Ainda seguindo o tema, alguns dos sapatos tinham chamas recortadas nas tiras e luzes traseiras nos calcanhares, acrescentando um ar de super-herói e força a uma imagem doce de elegância.

Então, o que vem em seguida? Todos passamos a esperar o inesperado da Prada, assim certamente teremos mais surpresas no futuro.

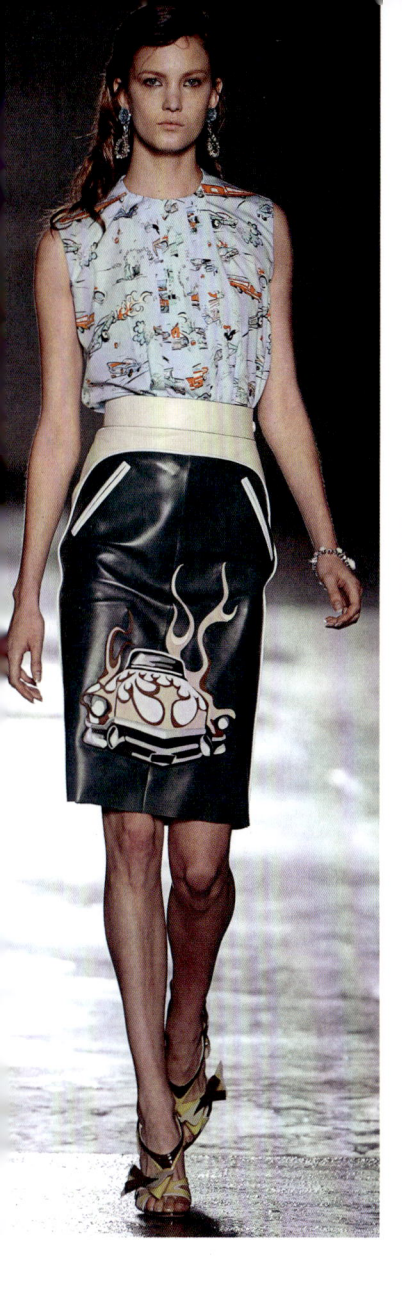

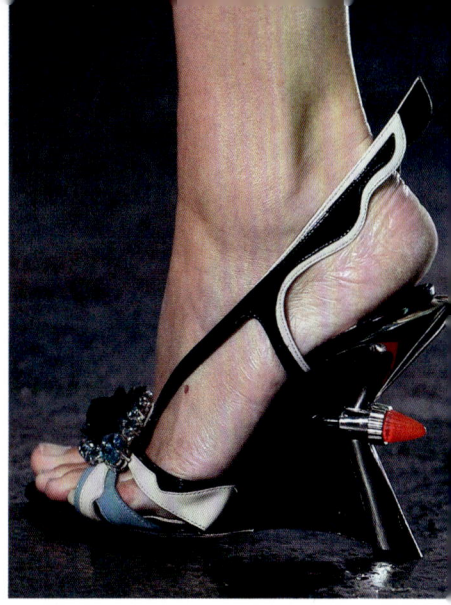

Acima e à esquerda: O desfile inspirado nos anos 1950 teve como tema "Mulheres e motores". O top azul-claro, com estampa de carro, é usado aqui com uma saia lápis de couro com um carro rosa estilo Cadillac na frente. A coleção primavera/verão 2012 contou com sapatos incríveis. Aqui, pode-se ver sapatos com chamas recortadas nas tiras laterais e pequenas luzes traseiras.

Página 130: A estampa de carro estilo cartum foi usada neste vestido em cor pastel, acinturado e com comprimento pouco acima dos joelhos.

Uma nova década

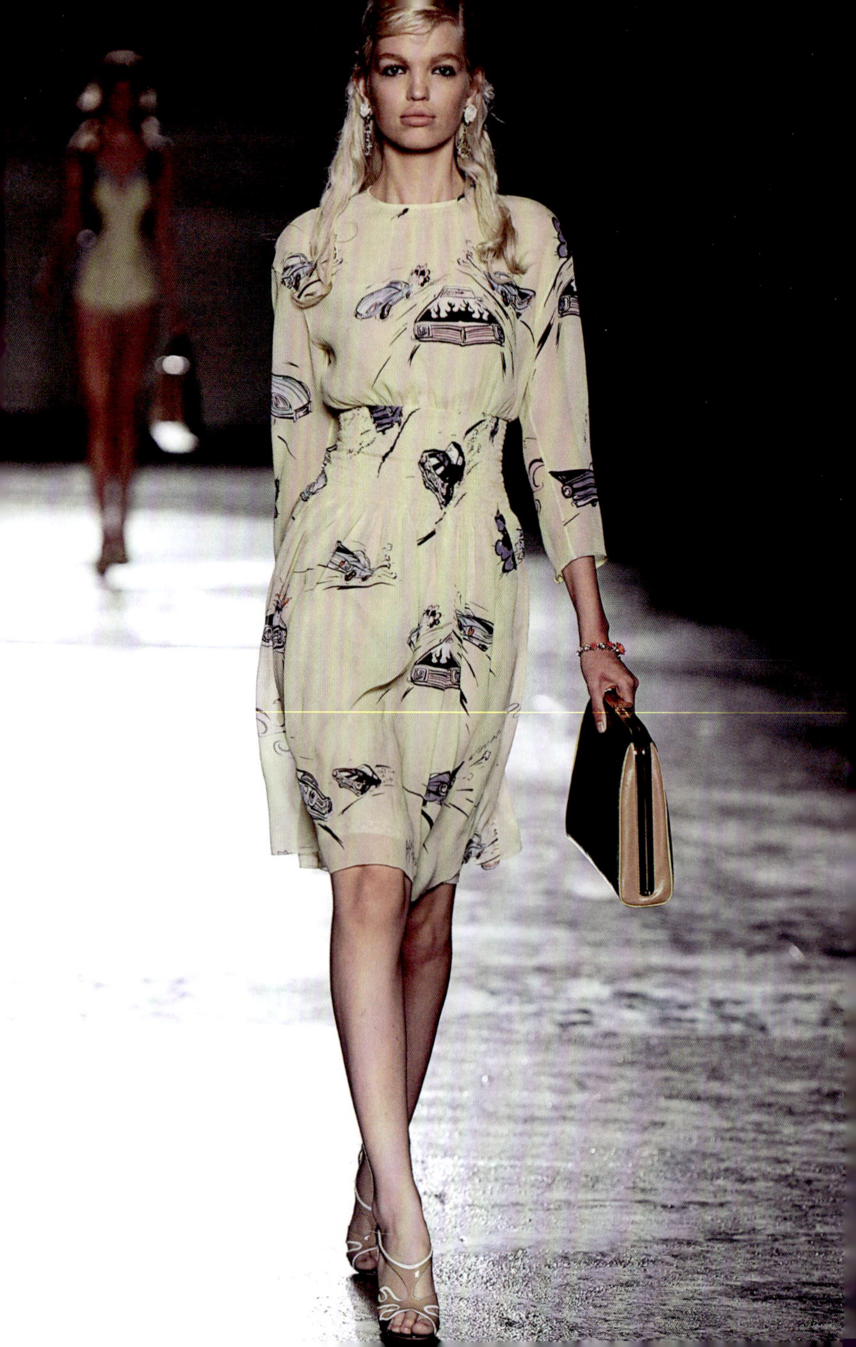

Opostos se atraem

A coleção outono/inverno 2016 justapôs temas como nenhuma outra. Em uma desconstrução da narrativa linear tradicional (também presente nas coleções de outono/inverno 2013 e primavera/verão 2015), o desfile combinou vários looks e estilos que – à primeira vista – poderiam parecer aleatórios, mas, em vez disso, é claro, tinham sido meticulosamente escolhidos um a um. O cenário do desfile era uma estrutura de madeira escura com uma varanda na qual algumas velas tremeluziam, evocando local e época distantes.

O desfile abriu com jaquetas e casacos de alfaiataria usados com corsets por cima, como se fossem cintos, e meias com padrão argyle combinadas com botas de cadarço. Em seguida, entraram as jaquetas de inspiração militar, que por vezes eram usadas com vestidos longos e femininos estilo anos 1950 em requintada e delicada seda dourada. Então, vieram os casacos compridos sob medida, com acabamentos em pele e enfeites nas mangas caídas, desconstruindo a silhueta clássica. Também houve contraste de estampas em todo o desfile, com muitos acessórios usados de uma só vez – como colares, bugigangas (diários e chaves), luvas longas de crochê, chapéus brancos de marinheiro, cintos e bolsas (as modelos às vezes usavam mais de uma, como se as tivessem pegado ao acaso). Os tecidos também variaram durante o desfile: couro, pele, veludo, seda, brocado, algodão, nylon, todos compondo uma coleção que parecia abraçar inúmeros elementos ou aspectos da jornada que é ser mulher, quase como em uma busca pela identidade própria de uma mulher.

Nas palavras da Prada: "Precisamos entender quem somos agora... Talvez seja útil olhar para o passado, para os diferentes momentos, dificuldades, amor, falta de amor, dor, felicidade, diferentes tipos de mulher: sexy, certinha, viajante... Então este foi o principal conceito".

O desfile também pareceu comunicar uma sensação de incerteza em um nível mais simbólico: o chapéu de marinheiro branco impecável, que remetia à Segunda Guerra Mundial, e a imagem geral da viajante que usa todas as suas posses de uma vez, fugindo ou se mudando, para ecoar a mulher "andarilha" – talvez espelhando o sentimento de imprevisibilidade predominante na política global.

À esquerda: Outono/inverno 2013: duas silhuetas, duas texturas, dois comprimentos e duas cores produzem um vestido único e assimétrico, inequivocadamente Prada.

Acima: Esta sublime bolsa clutch em dois tons da coleção primavera/verão 2015 é usada com uma camisa desfiada requintada e saia sem bainha.

Página oposta: A coleção "andarilha" de outono/inverno 2016 combina sem esforço texturas, estampas, cores, acessórios e estilos.

Uma nova década

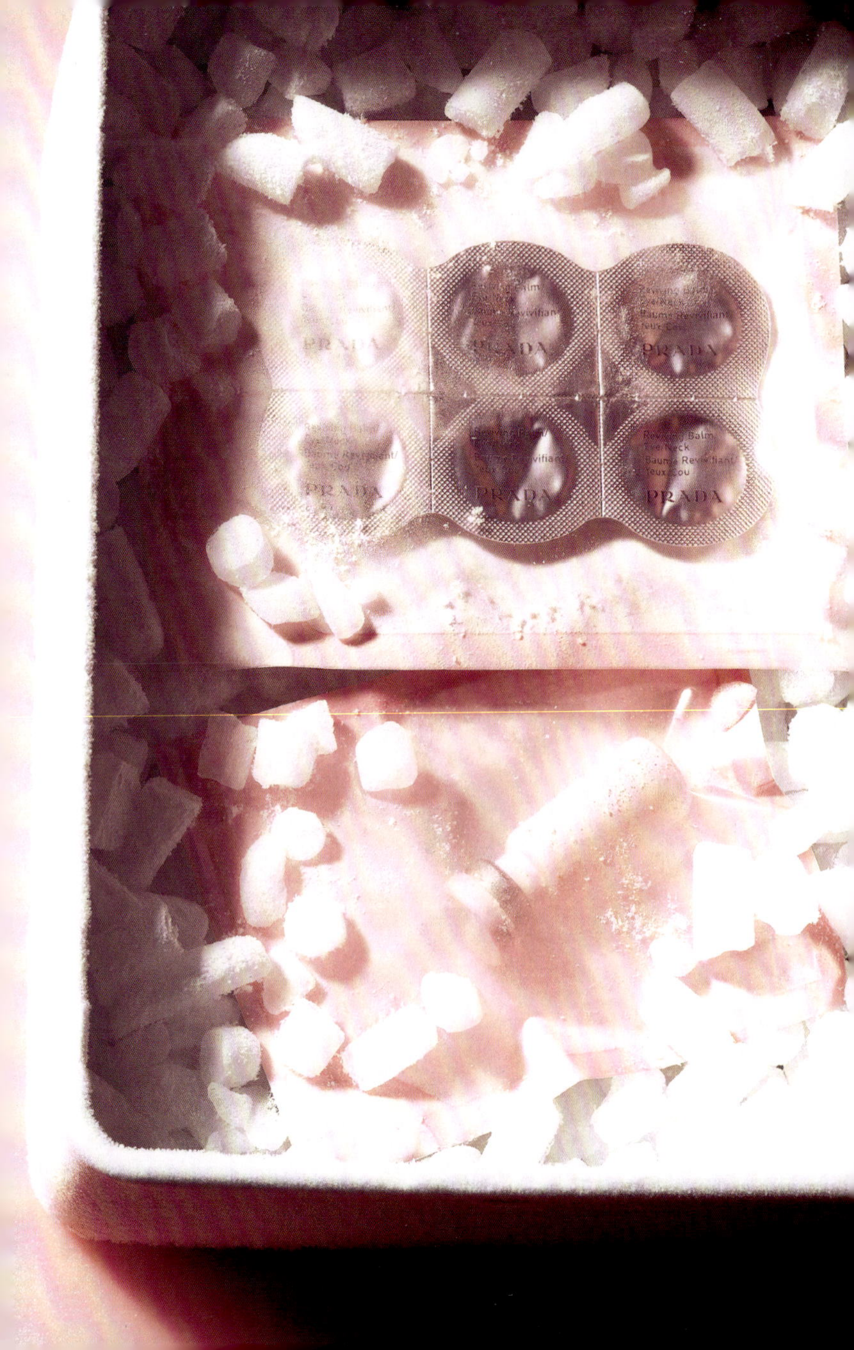
PRADA

Beleza e fragrância

A entrada da Prada no setor de cosméticos enfatizou o estilo de vida da marca, permitindo que ela alcançasse um público bem mais amplo e tornando-a mais acessível ao público em geral.

O primeiro lançamento, em 2000, foi a Prada Beauty – uma linha de cosméticos que compartilhava a identidade da marca em uma embalagem minimalista, porém futurista. O marketing inigualável foi apresentar produtos premium em embalagens de aplicação única, ideais para viagem. Então, em 2004, a primeira fragrância feminina foi lançada. O perfume de estreia – criado por Max e Clement Gavarry, em colaboração com Carlos Benaim – foi descrito como um clássico moderno. Com notas de bergamota, laranja, rosa e patchouli, expressava a beleza e a simplicidade associadas ao nome da Prada e vinha em um vidro retangular simples com a tampa em um dos lados – um design atraente que desde então foi usado por várias fragrâncias da Prada, incluindo L'Eau Ambrée e Prada Tendre.

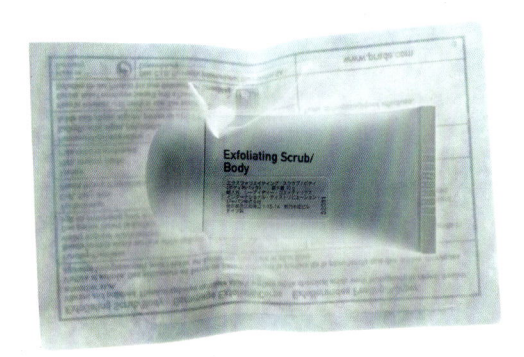

Página oposta e acima: Em 2000, a Prada lançou uma linha de beleza e skincare. A apresentação em blisters era para aplicação única, e o design das embalagens era clean, futurista e minimalista.

A primeira fragrância da Prada para homens, lançada em 2006, tinha um aroma atemporal, porém contemporâneo: rico, clean e caracterizado por um cheiro de sabonete que lembrava uma barbearia antiga. Outros perfumes da linha masculina foram Infusion d'Homme, Infusion de Vetiver e, mais recentemente, Amber Pour Homme Intense.

Embora tenham sido lançados muitos perfumes da Prada desde sua tão esperada estreia, alguns deles foram edições limitadas, e no geral os perfumes Prada para homens e mulheres podem ser divididos em duas categorias: as fragrâncias Amber e as Infusions. Combinando notas exóticas e óleos essenciais, a linha Amber reformula ingredientes clássicos usados na perfumaria antiga para criar aromas novos e modernos. Apresentada em vidros grossos, grandes e generosos, a linha Infusions é inspirada em flores e emprega técnicas tradicionais para destilar e capturar sua essência em um processo lento e à moda antiga. Entre os perfumes dessa coleção estão Infusion d'Iris (uma fragrância leve e fresca que evoca memórias da Itália, com ingredientes como íris, flor de laranjeira e cedro), Infusion de Fleur d'Oranger e Infusion de Tubéreuse – todas criações da renomada perfumista Daniela Andrier.

À direita: A primeira fragrância feminina da Prada foi lançada em 2004 e vinha em um vidro retangular clássico com a abertura em um dos lados. Esse estilo elegante de frasco foi usado desde então por vários perfumes da Prada.

À esquerda: A primeira fragrância masculina da Prada foi lançada em 2006. Uma adição posterior, a Infusion D'Homme (vista aqui), foi lançada em 2008. Ela usa as mais requintadas tradições artesanais da perfumaria clássica para criar um aroma fresco e sensual.

Páginas 138 e 139: O Prada Candy, lançado em 2011, é o aroma mais recente a se juntar à família de perfumes Prada. Criado pela perfumista Daniela Andrier, seu aroma intenso, doce e exótico contém notas de baunilha, caramelo e almíscar branco. A atriz e modelo Léa Seydoux, vista aqui, protagoniza a campanha publicitária.

A última adição às fragrâncias da Prada – também assinada por Andrier – é a Prada Candy, uma água de colônia que é sensual, intensa e luxuriosa de uma maneira que se tornou sinônimo da linha. Esse perfume particularmente doce contém notas de baunilha, caramelo e almíscar branco, e foi trazido à vida em uma campanha divertida em que uma jovem e bela estudante (interpretada pela atriz francesa Léa Seydoux) tenta seduzir seu professor de piano dançando com ele de forma espontânea. Como o perfume, o número teatral (baseado na "dança apache" parisiense dos anos 1930) é extremamente apaixonado e dinâmico. E a embalagem, que mescla influências pop vibrantes com a Art Nouveau clássica, é mais um exemplo da filosofia da Prada.

A Prada Parfums também se vale da herança da marca no uso de métodos tradicionais e ingredientes de alta qualidade, com atenção ao detalhe e expertise que apenas anos de trabalho duro e paixão podem proporcionar. O resultado é um aroma luxuoso – moderno, inovador e diferente – que, acima de tudo, reflete qualidade com uma aura de glamour.

Beleza e fragrância

Beleza e fragrância 139

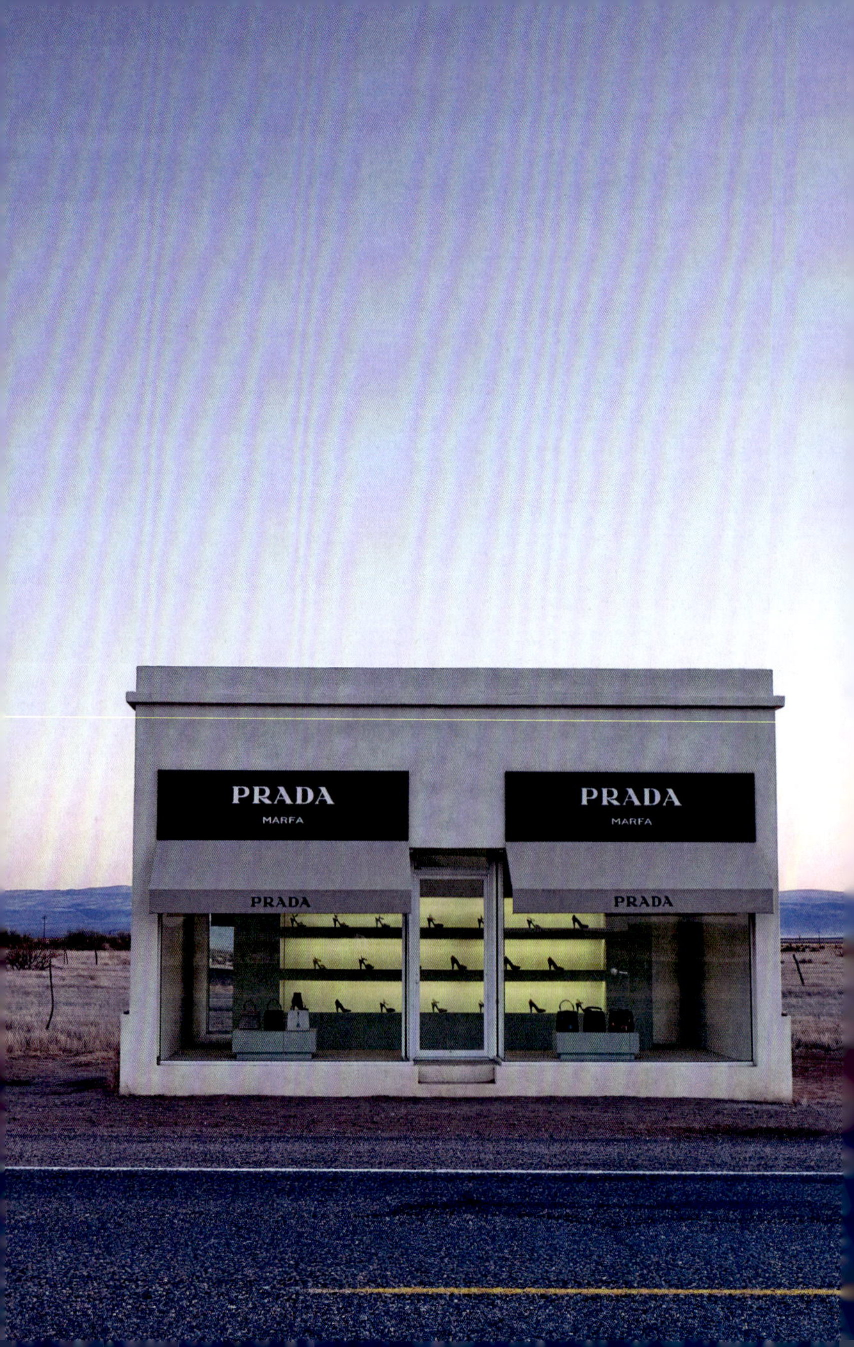
PRADA
MARFA
PRADA
MARFA
PRADA
PRADA

Arte & design

Pode-se dizer que a atitude de Miuccia Prada em relação à moda e sua maneira de usar as roupas como forma de expressão a tornam uma artista, mas a relação entre arte e moda não se resume a isso. O nome Prada também passou a representar um forte envolvimento com a arte contemporânea e de vanguarda e sua promoção. O interesse também é visto na atenção meticulosa que a Prada dá à arquitetura de suas lojas.

Seguindo sua paixão pela arte, Miuccia Prada e Patrizio Bertelli criaram uma fundação sem fins lucrativos chamada Prada Milano Arte, em 1993. Estava localizada na Via Spartaco 8, em um antigo prédio industrial que forneceria espaço para exposições de intrigantes esculturas contemporâneas. Os primeiros artistas a exibirem suas obras lá foram Eliseo Mattiacci, Nino Franchina e David Smith. Em 1995, o curador e crítico Germano Celant juntou-se à equipe, e a fundação foi reestruturada e rebatizada como Fondazione Prada. O cardápio cultural se expandiu para incluir projetos que envolvem fotografia, arte, cinema, design e arquitetura. As primeiras mostras patrocinadas pela nova fundação trouxeram obras de Anish Kapoor, Michael Heizer, Louise Bourgeois, Dan Flavin e Walter De Maria. Com o tempo, a fundação apoiou uma diversidade de artistas, de Marc Quinn e Sam Taylor-Wood ao ator Steve McQueen. Com energia impressionante, o espaço se desenvolveu e cresceu, abrigando grandes exposições e projetos de arte contemporânea.

Em 2008, Prada e Bertelli convidaram o OMA – *think tank* do Office for Metropolitan Architecture – para criar um "lar" permanente para sua arte em um dos primeiros centros industriais ao sul de Milão, que incluía prédios da década de 1910. Inaugurada em 2015, a sede projetada pelo arquiteto Rem Koolhaas é mais um exemplo vivo da estética da Prada de

Página oposta: Uma loja Prada que é uma instalação de arte, situada à beira da deserta Route 90 em Marfa, no Texas. Uma escultura permanente criada pelos artistas Michael Elmgreen e Ingar Dragset foi planejada para se decompor lentamente na paisagem natural. Infelizmente, três dias depois que a obra foi concluída, vândalos grafitaram o exterior e invadiram a loja, roubando bolsas e sapatos.

fundir o velho e o novo em perfeita harmonia. Construções modernas e, sem dúvida, inovadoras, incluindo um museu-torre de dez andares, coexistem com sete estruturas restauradas, entre elas laboratórios, tanques de fermentação, depósitos e um grande pátio. Esse novo espaço é usado como um campus para acomodar uma série de disciplinas que vão de cinema e filosofia a design, moda e performances. Ele também abriga obras da coleção permanente, bem como os arquivos da Prada e os da equipe Luna Rossa.

Em maio de 2011, a Fondazione encontrou um novo espaço para mostrar sua arte, dessa vez em Veneza, na Ca' Corner della Regina – um *palazzo* barroco magnífico no Grande Canal, construído em 1724 pelo arquiteto Domenico Rossi. No momento em que este livro é escrito, o palácio está sendo restaurado pela Fondazione e conta com uma exposição semipermanente de obras de sua coleção, incluindo obras de Anish Kapoor, Damien Hirst e Louise Bourgeois.

À direita e abaixo: Vista panorâmica da Fondazione Prada mostrando um design moderno tanto na arquitetura quanto nos móveis. A parede de esponja de resina (à direita) está na Epicenter de Los Angeles.

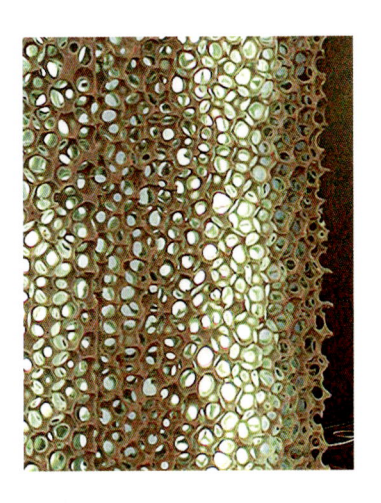

Arte & design

Abaixo: Em uma série de fotografias, Andreas Gursky explora a relação entre a arte e a cultura de consumo de luxo. Aqui, *Prada I*, de 1996, mostra o interior elegante da loja Prada Green com seu piso rosa-claro, paredes verdes suaves e mostruário meticulosamente preciso e minimalista.

Andreas Gursky, *Prada I*, 1996.
127 x 220 x 6,2 cm.

Embora seja importante observar que a moda e a arte são mantidas separadas no império Prada, é claro que existe um forte denominador comum que as conecta, criando uma relação quase simbiótica: a própria Miuccia Prada. Inevitavelmente, ambas as áreas fazem referência uma à outra e a influências externas. Os resultados costumam ser visíveis na passarela. Às vezes, são literais, outras, apresentados com um toque de ironia, mas sempre como parte de uma pesquisa contínua: desafiar, explorar e desconstruir nossas concepções preestabelecidas de beleza. O modo inusitado – até "feio", às vezes – que a Prada escolhe para combinar cores, as interessantes texturas usadas fora do contexto, os temas desconfortáveis ou incomuns, todos esses são elementos que provocam uma reação e nos fazem pensar sobre a nossa zona de conforto estética.

Abaixo: Uma instalação da escultora e artista franco-americana Louise Bourgeois. *Cell* (*Clothes*) era uma instalação interativa, do tamanho de uma pequena sala, que foi exibida na Prada de Ca' Corner della Regina. Bourgeois foi uma das primeiras artistas a serem exibidas na Fondazione Prada.

Louise Bourgeois, *CELL (CLOTHES)*, 1996. Madeira, tecido, borracha e materiais mistos, 210,8 x 441,9 x 365,7 cm. Foto: Attilio Maranzano.

Arte na experiência de consumo

A fundação também foi responsável pela criação e construção dos Epicenters da Prada, uma série de prédios extraordinários que transcendiam o uso tradicional de uma loja e também serviam como espaços de arte. Desde o início, a experiência de compra foi cuidadosamente explorada pela Prada, com suas lojas constituindo uma extensão perfeita da filosofia da marca. Apesar da expansão global, a companhia permanece única em sua abordagem da experiência de consumo. Todas as suas lojas oferecem um ambiente luxuoso e exclusivo, além de um nível de atendimento personalizado que lembra a intimidade da loja original dos Fratelli Prada. Na busca por evitar a homogeneização global, e alinhada à sua filosofia, a Prada desenvolveu dois tipos de loja: as "Green Stores", mais convencionais – caracterizadas por icônicas paredes verde-claras e decoração simples –; e os Epicenters Prada, que trabalham a arquitetura, a tecnologia e o uso do espaço de forma conceitual. Cada novo Epicenter apresenta uma oportunidade para romper com as ideias preestabelecidas que podem diluir o espírito inovador da marca por meio da repetição.

Os Epicenters da Prada, descritos pelo arquiteto Rem Koolhaas, da parceria com a OMA, como "janelas conceituais", ultrapassam a experiência tradicional das compras, mesclando-a de forma nada convencional com eventos artísticos, como exposições, concertos e exibições de filmes. Em 2001, Koolhaas projetou a primeira loja Epicenter no Soho, em Nova York. O prédio, que fizera parte do Museu Guggenheim, explora a relação espacial entre o consumidor e o produto para oferecer novas formas de comprar. O modo como o espaço é usado lembra uma galeria de arte contemporânea, com elementos interativos e mutáveis, como a parede norte, que conecta a Broadway com a Mercer Street e se transforma em um mural regularmente atualizado com o papel de parede da Prada. Entre as tecnologias inovadoras dessa loja estão as portas de vidro nos provadores, que ficam opacas após pressionar um botão, os "espelhos mágicos", que permitem que os consumidores vejam a si mesmos em câmera lenta de todos os ângulos, e um dispositivo sem fio de última geração, que permite aos funcionários acessar dados dos clientes e grandes quantidades de informações sobre produtos, incluindo esboços e videoclipes das passarelas. Esses últimos podem ser instantaneamente projetados para que o cliente assista a eles em uma das muitas telas da loja.

Arte & design

Acima: Primeira Prada Epicenter, inaugurada em Nova York, em 2001. O espaço, uma antiga filial do Museu Guggenheim no Soho, ocupa um quarteirão inteiro e inclui elementos únicos como a escadaria em "ondas", uma forma côncava que percorre toda a extensão da loja, e uma parede extensa coberta com papel de parede exclusivo.

Páginas 150 e 151: As Prada Epicenters superam a experiência do consumo e se transformam em espaços para expressões artísticas multifacetadas, como estas silhuetas femininas exibidas na Epicenter de Nova York em 2008.

Arte & design

150 | Arte & design

Arte & design | 151

Acima: A teatral exibição "Fashion's Night Out" da Prada, que aconteceu em 5 de novembro de 2011 na Epicenter de Tóquio. As manequins vestiam roupas da coleção outono/inverno 2011.

Página oposta: Os arquitetos suíços Herzog & de Meuron construíram a Epicenter de Tóquio da Prada, localizada no distrito de Aoyama, em 2003. Os painéis de vidro criam um edifício futurista, mas com visual orgânico.

Construído em 2003 pelos arquitetos suíços Herzog & de Meuron, a Epicenter de Tóquio da Prada fica no distrito de Aoyama. O prédio de vidro de seis andares, hoje icônico por seu design moderno, orgânico e futurista, é feito de painéis de vidro em forma de losangos que criam uma ilusão de ótica de movimento ao andar pela loja, com seus racks independentes e mesas de exposição de fibra de vidro. O prédio fica ainda mais impressionante à noite, quando iluminado.

Em 2004, a Epicenter de Tóquio abrigou uma das mostras mais famosas da Fondazione, "Waist Down" – uma exposição das saias de Miuccia Prada de 1988 até os dias de hoje. As saias estiveram presentes nas coleções da Prada temporada após temporada: essa mostra é uma sinopse visual rica e colorida em que algumas saias são mostradas girando e outras, balançando. É uma retrospectiva da arte da alta-costura em uma jornada que mostra a expressão de Miuccia do início ao fim, transmitindo seu espírito e energia criativa.

A mostra "Waist Down" passou pelas Epicenters de Nova York e de Los Angeles em 2006 e 2009, e de lá foi para Seul – para a nova Prada Transformer, uma estrutura contemporânea, projetada especialmente para a mostra, que foi construída na área externa do Palácio Gyeonghuigung (o Palácio da Harmonia Serena), do século XVI.

Uma terceira Prada Epicenter, construída pela OMA em Rodeo Drive, Los Angeles, em 2004, é caracterizada por uma única placa de alumínio acima de uma entrada minimalista sem uma fachada tradicional de loja. O prédio de três andares exibe algumas mercadorias em grandes cones subterrâneos e tem um teto aberto com uma claraboia. Alguns elementos, como os papéis de parede trocados com frequência, fazem referência à Epicenter de Nova York, enquanto o piso de mármore preto e branco remete à loja original Fratelli Prada em Milão.

Acima: A mostra "Waist Down", depois de se mudar para a Epicenter de Los Angeles, em 2006. As saias eram exibidas isoladamente em estruturas de metal.

Página oposta, acima: Em outra imagem da mostra "Waist Down" de Los Angeles, os recortes de modelos desfilando criam uma exibição cênica na loja.

Página oposta, abaixo: Uma saia estampada da coleção primavera/verão 2004 é exibida emoldurada em uma superfície plana como parte da mostra "Waist Down" em Beverly Hills.

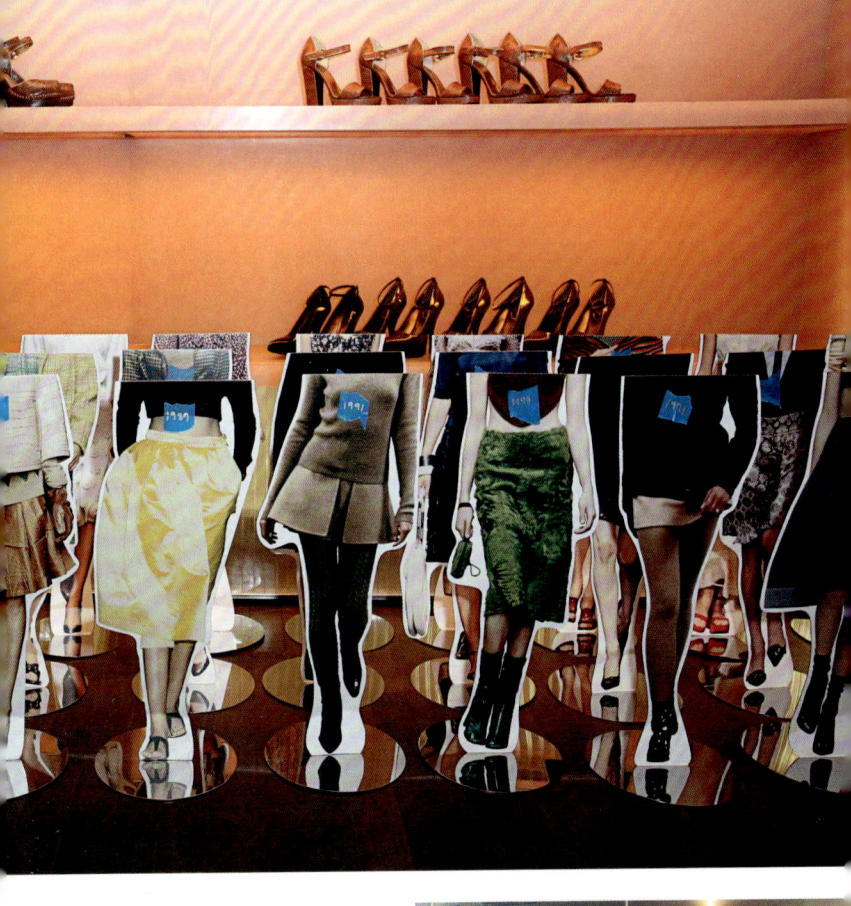

Página 157: Como sempre, a alma da marca Prada ecoa em tudo. Na Epicenter de Beverly Hills, elementos da loja original Fratelli Prada, em Milão – um piso de mármore preto e branco e uma seleção de bolsas e malas –, marcam presença, reforçando a forte herança da marca.

Arte & design 155

Referências

Leituras para se aprofundar

ANGELETTI, Norberto; OLIVA, Alberto. **In Vogue**: the illustrated history of the world's most famous fashion magazine. New York: Rizzoli, 2006.

BAUDOT, François. **A century of fashion**. London: Thames and Hudson, 1999.

EWING, Elizabeth. **History of twentieth century fashion**. London: Batsford, 2001.

FOGG, Marnie. **The fashion design directory**: an A-Z of the world's most influential designers and labels. London: Thames and Hudson, 2011.

MCDOWELL, Colin. **Fashion today**. New York: Phaidon, 2000.

MENDES, Valerie; DE LA HAYE, Amy. **20th Century Fashion**. London: Thames and Hudson, 1999.

O'HARA CALLAN, Georgina. **The Thames and Hudson dictionary of fashion and fashion designers**. London: Thames and Hudson, 1998.

POLAN, Brenda; TREDRE, Roger. **The great fashion designers**. New York: Berg, 2009.

PRADA, Miuccia; BERTELLI, Patrizio. **Prada**. New York: Progetto Prada Arte, 2009.

Coleções

Em razão da fragilidade e da sensibilidade à luz, muitas coleções estão em rodízio ou são expostas apenas em mostras especiais. Por favor, consulte os sites para mais informações.

The Metropolitan Museum of Art
The Costume Institute
1000 Fifth Avenue
Nova York, Nova York 10028-0198, Estados Unidos
http://www.metmuseum.org

The Victoria & Albert Museum
Moda: 1º andar
Cromwell Road
Londres SW7 2RL, Reino Unido
http://www.vam.ac.uk

Espaços de exibição

Fondazione Prada
Via Fogazarro 36
20135 Milão, Itália

Fondazione Prada (Veneza)
Ca' Corner della Regina, Santa Croce 2215
30135 Veneza, Itália
http://www.fondazioneprada.org

Prada Transformer
Gyeonghuigung Palace Garden
1-126 Sinmunno 2ga
Jongno-gu, Seoul, Coreia do Sul
http://www.prada-transformer.com

Prada Epicenters

Prada Epicenter Broadway
575 Broadway, Nova York, NY 10012,
Estados Unidos

Prada Post Street
201 Post Street, San Francisco, CA
94108, Estados Unidos

Prada Epicenter Rodeo Drive
343 North Rodeo Drive, Beverly Hills,
Los Angeles, CA 90210, Estados Unidos

Prada Aoyama
Minato-Ku, Tóquio 107-0062, Japão

Prada
Casa 1/B La Passeggiata, 07020 Porto
Cervo, Itália

Referências

Índice

Os números de página em itálico referem-se às legendas das ilustrações. As abreviações P/V e O/I referem-se às coleções primavera/verão e outono/inverno.

acessórios 9, 11, 19-20
cintos 52, 56, 59, 59, 60, 70, 89, 98, 99, 105, 117
luvas 69, 77, 111, *111*, 119
chapéus 34, 85, 91, 92, 92, 109, 111
lenços 98, *101*
meias 59, 119
gravatas 85, 89
veja também bolsas, joias e óculos escuros

Alas, Mert 73

Andrier, Daniela 136, 137, *137*

Art nouveau, influências 111, *112*, 137

arte e arquitetura 9, 11, 23-4, *141*, 141-57, *157*

Baker, Josephine *123*

bananas, estampa de 122, *123*

Barrymore, Drew 51

beleza, produtos de *135*, 135-9

Benaim, Carlos 135

Bertelli, Patrizio *14*, 15, 16, 29, 141

bolsas 11, 15-6, 19, *19*, *21*-2, 42, 52, 56, 64, 73, 92, 105, 119, 125, 128, *141*

Bourgeois, Louise *146*

Ca' Corner della Regina, Veneza 142, *146*

calçados 16, 20, *24*
botas 73, *73*, *77*, *119*, 126
sandálias 109
sapatos 17, *45*, 55, *60*, 63, *77*, *103*, *112*, *119*, *123*, *125*, *129*, *141*, 144
tênis 89, 92

calças *37*, 42, 89

camisas 42, 64, 69, 89, 91, *101*, *108*, *123*

campanhas publicitárias 48-9, 51, 55, 73, *103*, *137*

Caribenho, estilo 109, 122, *123*

carros 128-131

casacos 29, 38, 45, 46, 52, 56, 85, 91, *104*, *125*

chique despojado 59, 59-61, *82*, *94*
Christensen, Helena 29

coleções
1990 O/I 29
1992 P/V *30*, 34
1993 P/V 41; O/I *30*, *46*
1995 P/V *64*
1996 P/V 38, *38*, 111
1997 P/V *33*
1998 O/I *42*
1999 P/V 41, *41*, 52; O/I *45*
2000 P/V 38, 59, *60*, 98, *101*, *103*
2001 P/V 59
2002 O/I 55, *56*, 73, 104, *104*
2003 P/V *108*, *108*; O/I 41, 55, 81, *85*, 111, *111*
2004 P/V *117*, *154*; O/I 104, *104-5*
2005 P/V *38*, 41, 69, 81, 89, *108*, 109
2006 P/V 69, *82*, 92; O/I *77*, *77*, *91*, 92, *92*
2007 P/V 109; O/I 81, *91*
2008 P/V 41, 73, *73*, 111, *112*; O/I 41, 64, *64*, 81, *85*
2009 P/V *79*; O/I 98
2010 O/I 63, *119*, 120
2011 P/V *49*, 69-70, 92, 122, *123*; O/I *24*, 55, 63, *119*, 126, *152*
2012 P/V 69, *73*, 81, 92, 128, *129*
2013 O/I 131, *132*
2015 P/V 131, *132*
2016 O/I 131, *133*

conceituais, coleções 104-7

"Conto de fadas", coleção de 111

cores, uso de 37, 38, 42, 85, 108-9, 122, *125*, 128

Day, Corinne 51

desfiles de moda 48-9

design, filosofia do 29-49

Dunst, Kirsten 73

Epicenters 111, *112*, 143, 147-57, *157*

espaços de exibição 141-42, 147, 157

"Estampa de fórmica", coleção de 38

estampas, uso de 38, *38*, 64-71, *77*, *79*, *89*, 98, *103*, *111*, 111-17, 120, 122, *123*, *125*, *129*

filmes 111-12

Fondazione Prada 9, 11, 23, 141, *143*, 157

fragrâncias 135-9

Fratelli Prada 11, *11*, *155*

Friedrich, Caspar David 104, *104*

Gavarry, Max e Clement 135

Gursky, Andreas *144*

Herzog & de Meuron *152*, 153

Holmes, Katie 51

jaquetas *30*, *37*, 59, *60*, 77, *94*

Jean, James 41, 111, *112*

joias *123*, 128, 131

Koolhaas, Rem 147

Lang, Helmut 30

logo 11, 16, *19*

lojas 11, *11*, *14*, 16, *155*

lojas Green *144*, 147

Maguire, Tobey 94

Meisel, Steven 48

militar, estilo *45*, *52*, *56*, 98

minimalismo 29-37, 82

Miu Miu *9*, 24, *30*, *51*, 51-79

moda esportiva 24, *27*, *52*

moda masculina 24, *81*, 81-95

modelos masculinos 94

Morris, William 41, 111, *111*

museus, coleções em 158

O diabo veste Prada 112

óculos 24, *24*, *42*, *55*, *69*, *73*, *92*, *94*, *104*, *119*

óculos escuros *24, 42, 55, 69, 73, 92, 94, 104, 119*

paetês *41*, *119*, *125*, 126

papéis de parede *112*, 147, *149*, 154

Paradis, Vanessa 51, 64

pele, uso de *55*, *56*, *91*, *92*, *98-9*, *125*, 126

penas de pavão *38*, 41

Phoenix, Joaquin 94

Piggott, Marcus 73

Prada Transformer, Seul 153, 157

Prada, Mario 11

Prada, Martino 11

Prada, Miuccia 9, 11, *14*, 14-16, 29, 51, 55, *97*, 98, 119, 122, *123*, 141, 145

Richardson, Terry 51

Roth, Tim 94

saias *38*, *42*, 59, *59*, *60*, *63*, *64*, *69-70*, *101*, *103*, *123*, *129*, 153, *154*

Sander, Jil 30

sede 11, 141-42

Sevigny, Chloë 51

Seydoux, Léa 137, *137*

shorts *52*, *73*, *77*

sobreposição de peças *33*, *56*

Steinfeld, Hailee 55

tecidos 20, *29*
renda 41, *42*
Pocone 15-6, 19, *19*, 22
seda *37*, *70*, *77*, *112*, 131

Teller, Juergen 51

ternos *81*, *82*, *85*

Testino, Mario 51

textura, uso de *38*, 41, *56*, 81, *91*, 92

Trembled Blossoms 111, *112*

tricôs
cardigãs *33*, 59, *91*, *101*, *103*
suéteres 59, *82*, *101*

vestidos *33*, *34*, *46*, *52*, *63*, *69*-70, *73*, *79*, *99*, *108*, *111*, *112*, *117*, *119*, *125*, *128*

vintage, inspirações
1920 *125*
1940 *49*, *55*, *55*, *99*, 109
1950 59, *60*, *73*, *119*, 120, 128, *129*, 131
1960 *38*, *63*, 63, 108, 126
1970 *38*, *64*, 69, *85*, 111
1980 59

virtual, estética 104

"Waist Down", exposição 153, *154*

Weber, Bruce 55

Wheeler, Jacquetta *59*

Wintour, Anna 122

Índice 159

Agradecimentos

A editora gostaria de agradecer às seguintes fontes por sua gentil permissão para reproduzir as fotos neste livro.
Legenda: t=Top (acima), b=Bottom (abaixo), c=Centre (centro), l=Left (esquerda) e r=Right (direita)
Alamy Images: /Prisma Bildagentur AG: 142-143
© Louise Bourgeois Trust: /DACS, London /VAGA, New York 2011: 146
Camera Press: 52, 60, 73, /Anthea Simms: 25, /Andreas Them: 26, 53, 99r
© Carlton Books: 22tr, 22cr, 22bl
Catwalking: 1, 2, 3, 6, 8, 28, 30, 31, 32, 33, 39, 40, 41, 42l, 42r, 43, 44, 46, 45, 54l, 54r, 56, 57, 58, 59, 61, 62, 63, 65, 66, 67, 68l, 68r, 70, 71 (Main & Inset), 72, 76, 77, 79l, 79r, 82, 83, 84, 85, 86, 87, 88, 89, 91, 91, 92, 93, 94l, 94r, 99l, 100, 101, 102, 104, 105, 108, 109l, 109r, 110, 111, 113, 114, 115, 116, 117l, 117r, 118, 120, 121, 124, 126l, 126r, 127, 129l, 130
Corbis: /Michel Arnaud /Beateworks: 140, /Condé Nast Archive: 14, /Julio Donoso/ Sygma: 34, 35, / © Liz Hafalia/San Francisco Chronicle: 80, /WWD/Condé Nast: 50, 75, 78, 123b
Courtesy Gallery Sprueth/Magers: /© DACS, London 2011: 144-145
Getty Images: 20-21, 23, 24, 138-139, 154, 155t, 155b, 156-157, /AFP: 74, 106, 107, 125l, 125r, /Cover: 17, /Gamma-Rapho: 129r, 148-149, /James Leynse: 153, / Time & Life Pictures: 135l, /WireImage: 48-49, 123t, 152
Kerry Taylor Auctions: 36-37
Patrice de Villiers: 134
Picture Desk: /The Art Archive /Kharbine-Tapabor /© ADAGP, Paris and DACS, London 2011: 122
Pixelformula/SIPA/REX/Shutterstock: 132r, 133
Private Collection: 45, 103t, 103b
Rex Features: /Corri Corrado: 90, /Tobi Jenkins /Daily Mail: 135r, 136, 137, / Veronique Louis: 150-151, /Caroline Mardon: 15, /Olycom SPA: 96
Topfoto.co.uk: /Alinari: 12-13, /Caro /Teschner: 10, 27
Victor Virgile/Gamma-Rapho via Getty Images: 132l

Agradecimentos da autora

Gostaria de agradecer a todos que me apoiaram durante a escrita deste livro – especialmente aos estilistas Chris Mossom e Holger, por compartilharem seus *insights* comigo; a Lucia Graves, Natalia Farran e Russell Woollen, por seus comentários; e a editora Lisa Dyer, por sua inestimável orientação.